KB232615

요리 전문가 양향자가 추천하는

궁합이 맞는
와인과 우리 음식

양향자 _ 지은이

경력
- 현, 사단법인 세계음식문화연구원 이사장
- 현, 사단법인 한국푸드코디네이터협회장
- 현, 사단법인 한국언론인연합회 자문위원
- 현, 서정대학 호텔조리과 교수
- 현, 중국 산동성 상업직업관리대학 객원 교수
- 현, 청도 주점관리대학 객원 교수
- 현, 중국 산동성 여유대학 객원 교수
- 현, 양향자 푸드 & 코디 아카데미 원장
- 농림수산식품부 베스트5 식품심사위원, 농심면요리경연대회 심사위원장, 농림수산식품부 한식세계화
  추진위원, 농림부 쌀요리 자문위원
- 전, 남부대학교 푸드디자인과 교수
- 전, 신흥대학 호텔관광경영계열 호텔외식경영 전공 교수

학력
- 이탈리아ICIF 요리학교 졸업
- 숙명여대 디자인대학원 테이블데코레이션 과정 수료
- 연세대학교 언론홍보대학원 수료
- 고려대학교 식품가공학 석사과정 졸업
- 아메리칸인터내셔널대학교 식품조리학 석사과정 졸업
- 성균관대학교 프렌차이즈 최고위과정 수료
- 단국대학교 문화예술 최고위과정중
- 경기대학원 박사 과정(식공간 연출)

**요리 전문가 양향자가 추천하는
궁합이 맞는 와인과 우리 음식**

지은이 양향자
펴낸이 양동현
펴낸곳 도서출판 아카데미북
       136-034, 서울 성북구 동소문동4가 124-2
       Tel 02-927-2345 Fax 02-927-3199

초판 1쇄 인쇄 2009년 6월 5일
초판 1쇄 발행 2009년 6월 10일

ISBN 978-89-5681-094-2 13570

＊지은이와의 약속에 의해 인지는 붙이지 않습니다.
＊잘못 만들어진 책은 구입한 곳에서 바꾸어 드립니다.

www.academy-book.co.kr

요리 전문가 양향자가 추천하는

궁합이 맞는
와인과 우리 음식

양향자 세계음식문화연구원장 지음

아카데미북

머리말 와인과 사랑에 빠지다

한식을 접하다 보면 다양한 맛과 모양을 가진 한식과 어울릴 만한 와인이 생각납니다. 음식 전문가이면서 종종 와인을 즐기는 애호가의 입장에서 보면, 우리 음식과 와인이 조화가 참으로 근사하다는 생각을 하게 됩니다.

우리 음식과 와인을 매치하는 기본은, 바디감에 따라 라이트한 와인은 가벼운 음식에, 무거운 와인은 묵직하고 양념이 풍부한 음식에 매치하는 것입니다.

보통 레드 와인에는 육류, 화이트 와인에는 해산물을 떠올리게 됩니다.

색깔이 옅은 음식은 색이 옅은 와인을, 색이 짙은 음식은 짙은 와인을 매칭하게 됩니다.

가볍게 만든 음식은 스테인리스 통에서 숙성한 와인을, 구이 요리는 오크통에서 숙성한 와인과 매치하고, 튀기거나 조린 음식은 오크통 숙성 와인을 피하라고 알려져 있습니다.

재료와 조리법, 맛이 다양하기 이를 데 없는 우리 음식과 와인을 조화시키는 것은 꽤나 까다롭고 흥미로운 작업입니다. 그런데 뭐니 뭐니 해도 가장 쉽고 자연스러운 것은 평소 우리가 즐겨 먹는 음식과 조화를 이루는 와인을 골라 편하게 즐겨 보는 것이 아닐까 하는 생각을 합니다.

"와인 한 잔 하실래요?"

굳이 격식을 갖춘 멋진 레스토랑이 아니더라도, 맛있는 음식을 먹을 때나 친한 사람끼리 분위기 있는 대화를 나눌 때면 자연스럽게 나오는 말입니다. 그 만큼 와인은 우리 생활 깊숙이 들어와 있다고 볼 수 있겠지요. 분명 와인은 우리의 전통적인 마실 거리는 아니지만 어느 음식에나 잘 어울리고, 부담 없이 즐길 수 있는 술이 아닌가 싶습니다.

사실 불과 몇 해 전까지만 해도 우리 나라의 현실에서는 와인과 한식의 만남은 대중적이지 못했습니다. 맵고, 시고, 짠맛이 강한 한식의 특성상, 어울리는 와인은 소수에 불과하다는 견해가 대부분이었습니다. 오히려 국내보다 해외에서 한국인 2, 3세들이 경영하는 한식 전문점에서 와인과 한식의 조화를 추구하면서 새로운 식문화 트랜

드를 구축했던 것도 사실입니다.

　　그런데 얼마 전 우리 나라에서 와인이 '국민 술' 소주를 앞질렀다는 기사를 봤습니다. 와인 소비가 확산되면서 그만큼 우리 음식과 맞는 와인에 대한 관심도 높아지고 있습니다.

　　우리 음식의 우수성이 세계에 알려지고, 맛 또한 세계인이 즐길 수 있는 것으로 순화되면서 와인과의 조화를 추구하기 시작하는 것 같습니다. 요리를 연구하다 보면, 우리 음식과 절묘한 조화를 이루는 와인을 만날 때가 있습니다. 유자 드레싱을 얹은 연근 샐러드에 곁들인 샤도네이의 풍미, 매콤한 고추장 홍합찜과 어우러지는 화이트 와인의 상큼함……. 음식과 어울리는 와인을 찾아내고 즐겨 보는 과정은 마치 일상 속에서 숨은 보석을 찾아내는 것 같은 기분이 들게 합니다.

　　요즘 한식의 세계화에 대한 관심과 논의가 활발해지고 있습니다. 음식을 개발하고 전파하는 전문가의 입장에서 볼 때, 와인이라는 공통 분모를 통해 우리 음식이 외국인들에게도 좀더 쉽게 다가갈 수 있지 않을까 하는 생각을 합니다. 우리도 와인을 일상적으로 마시는 추세이므로, 와인과 우리 음식이 어떻게 어울리는지 찾아가는 과정이 필요하지 않을까 하는 생각을 해 보았습니다.

　　자, 우리 음식의 맛을 한껏 돋우어 주는 와인, 와인을 곁들이면 더욱 맛이 좋아지는 한식을 만나 보시겠습니까?

2009년 초여름 문턱에서
양향자

차례

WINE & KOREA FOOD

와인의 기본 알기

와인은 포도를 발효, 숙성시켜 만든 양조주다. 영어로 와인(Wine), 독어로는 바인(Wein), 불어로는 뱅(Vin), 이탈리아어로는 비노(Vino)라고 한다. 유럽인들은 '와인 없는 식탁은 태양 없는 세상과 같다'는 말을 할 정도로 와인을 소중히 여긴다. 육식을 주로 하는 서양인들에게 알칼리성 음료인 와인은 없어서는 안 될 '건강보조식품'이기도 하다. 와인은 역사가 매우 오래된 술로, 기원전 7,700년경의 함무라비 법전에 와인 제조와 음주에 관한 규정이 나와 있다.

1. 와인의 종류

제조법에 따른 분류

비발포성 와인 Still Wine

와인 양조 때 발생하는 탄산가스를 제거한 와인. 거품이 없는 와인으로 일상적으로 마시는 와인이 이에 속한다. 보통 식탁에 올려지는 것으로, '테이블 와인'이라고도 부른다. 레드 와인Red Wine, 화이트 와인White Wine, 로제 와인Rose Wine이 이에 속한다.

레드 와인 : 붉은 포도를 이용하여 만든 와인으로 묵직하고 떫은맛이 난다.

화이트 와인 : 청포도를 이용하여 만든 와인으로, 과일 향이 산뜻한 편이다. 간혹 붉은 포도를 이용할 경우도 있는데, 이때 포도 껍질의 색이 배어 나오지 않게 즙을 짜낸다.

로제 와인 : 레드 와인과 화이트 와인의 중간. 붉은 포도를 약하게 짜서 만든 와인으로, 핑크빛이 나고 맛이 달콤하다.

발포성 와인 Sparkling Wine

1차 발효가 끝난 다음 2차 발효에서 생긴 탄산 가스를 그대로 함유한 와인으로, 샹파뉴(프랑스), 크레망(프랑스), 카바(스페인) 등이 있다. 흔히 '샴페인(샹파뉴)'라고 부르는데, 샹파뉴는 원래 프랑스 북부 상파뉴 지방에서 생산되는 스파클링 와인에만 붙일 수 있다. 다른 발포성 와인은 '스파클링 와인'이라고 부르는 것이 정확한 표현이다.

주정 강화 와인 Fortified Wine

와인 제조 과정에 알코올 도수가 높은 그 지역의 브랜디를 첨가한 와인으로, 세리(스페인), 포트(포르투갈) 등이 대표적이다. 세리는 식전주로, 포트는 디저트 코스 음료로 자주 쓰인다.

향미 첨가 와인 Flavored Wine / 향을 첨가한 와인

향신료, 약초 등을 첨가한 와인. 베르무트가 대표적이다.

아이스 와인 : 와인 제조용 포도는 보통 9~10월 사이에 수확하는데, 아이스 와인에 쓰는 포도는 기온이 영하 8℃ 이하로 내려가 포도가 얼 때를 기다렸다가 수확한다. 얼린 포도에서 얼음 성분을 제거하고 와인을 만들기 때문에 당도가 매우 높고 과일 향도 진하게 난다.

색상에 따른 분류

적색의 레드 와인, 백색의 화이트 와인, 분홍색의 로제 와인, 화이트 와인 중 노란빛을 띤 실로 와인 등이 있다.

기타 분류법

단맛 정도에 따라 드라이와 스위트, 숙성 기간에 따라 영 와인과 올드 와인으로 구분한다. 농도가 진한 것을 헤비, 연한 것을 라이트 와인이라 부르기도 한다.

2. 와인 라벨 읽기

와인 라벨 읽기

라벨을 올바로 읽으면 와인을 따르기 전에 많은 것을 알 수 있다. 와인 정보가 홍수처럼 쏟아져도 걱정할 필요가 없다. 라벨을 제대로 읽는 것만으로도 다양한 종류의 와인 중에서 마음에 드는 것을 선택할 수 있다.

앞 라벨은 EU의 법에 따라 다음과 같은 정보를 기재한다. EU에 속하지 않은 국가의 법규는 표준과 다를 수 있다.

- 품질 등급
- 원산지
- 알코올 함유율
- 빈티지 연도(해당되는 경우)
- 생산자(또는 병입한 자)의 이름과 주소
- 병의 크기(용량)

이와 함께 생산 국가의 명칭이 있어야 하고, '테이블 와인table wine' 등급으로 구분된 와인은 빈티지를 기재할 수 없다. 그런데 와인 생산자들이 이러한 기재 사항이 디자인에는 방해가 된다고 생각해서 '뒷라벨'을 따로 붙인다. 상점 진열대에서 보이는 라벨은 멋진 디자인의 '뒷라벨'이다.

프랑스의 와인 등급

프랑스는 몇 가지의 법을 통해 포도 재배 및 와인 제조를 강력히 통제하고 있다. 와인의 등급은 라벨에 표시된다.

① 아펠라시옹 도리진 콩트롤레 Appellation d' Origine Controlee : AOC

'원산지 통제 호칭법'에 의해 생산된 최상급 와인을 AOC 와인이라고 한다. 포도 품종, 재배법, 알코올 최저도수, 생산량, 양조법 등을 엄격하게 제한하기 때문에 품질이 뛰어나고 지역별 개성이 뚜렷하게 살아 있다. 라벨에는 'APPELLATiON 지역명 CONTROLEE'의 형태로 표시돼 있다.

② 뱅 델리미테 드 칼리테 쉬페리에 Vin Delimite de Qualite Superieur VDQS

'우수한 품질의 와인'이라는 뜻, AOC 와인에는 미치지 못하지만 훌륭한 수준의 와인이다. VDQS 지정을 받기 위해서 와인 생산업자들은 AOC에 버금가는 엄격한 규칙을 지켜야 한다.

③ 뱅 드 페이 Vin de Pays

프랑스 컨트리 와인이라고도 부른다. 좀 덜 유명한 지역에서 생산되는 지방 와인으로, 그 지역의 특색이 잘 나타나 있다. 싼값에 AOC처럼 개성 있는 맛을 즐길 수 있다.

④ 뱅 드 타블 Yin de Table

비싸지도 않고 오래 저장하지도 않은 일상주 스타일의 와인으로 원산지가 다른 몇 가지 와인을 섞어 만든다. 개성은 덜하지만 다양한 사람의 입맛에 두루 잘 맞는다.

프랑스 와인 라벨 읽기

라벨에는 그 와인의 특유 정보가 수록되어 있다. 프랑스 와인은 특히 그 지역에 따라 자신이 어느 포도 생산지에서 나온 포도로 만들었는지를 나타내는 포도 생산지명(❹)을 나타낸다. 와인 등급을 나타내는 ❸의 자리에는 와인의 등급을 나타내는 그랑 크뤼Grand Cru, 프르미에 크뤼Premier Cru 등을 쓴다.

라벨 읽기의 예

1 빈티지 **2** 와인 이름 **3** 등급 **4** 원산지 **5** 생산자명
6 포도 품종 **7** 병입 장소 **8** 생산 국가 **9** 용량
10 알코올 함유율 **11** 와인 종류

라벨에 나오는 용어

루지Rouge : 레드 와인
블랑Blanc : 화이트 와인
쿠베Cuvee : 블랜딩된 와인
세크Sec : 약간 단맛이 나는
데미 세크Demi Sec : 단맛이 나는
브뤼Brut : 씁쓸한 맛이 나는
네고시앙Negociant : 자체 포도원
없이 다른 와인 공장에서 와인을 구
입하여 병에 담아서 파는 회사

전통적인 레드 보르도 라벨

화이트 브르고뉴 프르미에 크뤼 라벨

샴페인(샹파뉴)

오스트레일리아 와인

14

3. 와인 구입과 보관 & 활용법

와인의 선택

와인 맛을 결정하는 것은 포도다. 같은 밭에서 난 포도라도 기후 조건과 토양 상태에 따라 품질 차이가 많이 난다. 따라서 와인을 고를 때는 상표와 산지뿐만 아니라 양조 시기 즉 빈티지Vintage를 잘 따져봐야 한다. 물론 요리와의 조화를 충분히 고려해야 와인을 제대로 즐길 수 있다.

와인 구입 시 알아두어야 할 점

아무리 좋은 와인이라도 보관을 소홀히 하면 그 가치를 잃게 된다. 따라서 와인을 살 때는 상점 안의 환경을 확인하는 것이 좋다. 와인 상점은 온도와 습도가 조절되어야 하지만 이는 국내 여건상 쉽지 않으므로 최소한 보일러나 창문 등의 열원과 광원에서 떨어뜨려 보관한다.

주의할 점

- 병이 세워져 있고 먼지가 쌓인 와인은 피한다. 와인은 옆으로 눕혀서 보관해야 하는데, 진열을 위해 세워 놓는 경우가 많다. 단기간이라면 문제가 없지만 수개월 동안 먼지가 쌓인 병의 경우에는 코르크가 와인과 닿지 않아서 건조해질 수 있고, 따라서 와인이 산화될 수 있다.
- 병이 끈적끈적한 와인은 밖으로 샜다는 증거이므로 구입하지 않는다. 이는 온도 변화 때문에 생기는 문제다.
- 코르크가 튀어나온 와인을 고르지 않는다. 이는 대체로 온도의 변화로 와인이 변질되어 코르크를 병 밖으로 밀어냈다는 표시다.
- 병을 세웠을 때 와인의 수면이 병목에서 3cm 이하로 내려간다면 와인이 증발했거나 흘러 나왔다는 증거다.
- 인공 조명이나 태양광에 직접 노출되어 진열된 와인은 피한다. 와인이 가열되어 망가졌을 가능성이 높다.

와인 저렴하게 구하는 법

계절 할인 이벤트를 이용한다. 크리스마스 기간 이후가 되면 와인 전문점들은 보관 기간이 끝난 할인 품목 와인을 내보내거나, 창고에 넣기 전에 할인을 시작한다. 이는 와인에 문제가 있어서 치우는 것이 아니라 초과량의 재고를 정리하거나, 같은 와인의 새로운 빈티지를 들여놓기 위해서다. 물론 너무 오래되어 피해야 할 와인이 할인 품목에 포함되는 경우가 없지는 않다. 새로운 빈티지의 판촉 기간을 노리는 것도 괜찮은 방법이다.

집에서 와인 보관하는 방법

집에 거의 사용하지 않는 공간이 있다면 그곳을 셀러(와인 보관 장소)로 변경할 수 있는지 고려해 본다. 작은방, 선반 또는 방의 구석 정도만으로도 이상적인 셀러를 갖출 수 있다. 차고나 다용도실의 일부를 사용할 수도 있지만 이런 공간은 심한 추위에 대비해 단열을 해야 한다. 단열하지 않으면 겨울철에 와인이 어는 상태가 생길 수 있다. 와인은 서늘한 곳에 뉘어서 보관해야 한다. 하룻밤이라도 세워 두면 코르크 마개가 말라 버려 알코올과 방향 성분이 휘발되고 공기를 흡수해 맛이 변질될 우려가 있다. 테이블에 놓을 때도 받침대에 라벨이 위로 가도록 눕혀 놓는다. 마시기 좋은 온도 레드 와인은 12~20℃도의 실온에서, 화이트 와인은 10~12℃로 차게 해 마시는 것이 상식이다. 샴페인 등 스파클링 와인은 5~10℃가 적당하다. 차게 마신다고 글라스에 얼음을 넣으면 안 된다. 좋은 와인일수록 앙금이 있게 마련이다. 와인을 따를 때는 이 앙금이 일어나지 않도록 병을 조심스레 다루어야 한다.

남은 와인을 보관하는 방법

남은 와인은 빨리 보관할수록 좋다. 공기가 와인에 접촉하는 시간이 짧을수록 와인의 맛과 아로마를 제대로 간직할 수 있다. 시중에 판매되는 공기제거기를 사용하면 병에서 효과적으로 공기를 빼낼 수 있다.

남은 와인 활용법

요리에 활용하기

육류 요리에 와인을 넣으면 육질이 연해지는 효과는 물론 맛도 좋아진다. 불고기나 갈비찜에 간장의 10분의 1만 넣으면 된다. 삼겹살도 와인에 담갔다가 구우면 잡맛이 사라진다. 와인에 마늘 다진 것을 넣고 3시간 정도 후에 구워 먹으면 아주 맛좋은 와인 삼겹살이 된다. 닭고기 스테이크에서 마리네이드(고기를 부드럽게 하고 기본 양념이 잘 배도록 미리 절여 두는 것)할 때 쓰면 좋다. 스테이크 소스를 만들 때도 양파나 양송이 등 각종 버섯이나 채소 다진 것을 넣고 와인과 함께 끓여서 졸이면, 따뜻하고 풍미가 있는 그럴 듯한 스테이크 소스가 된다. 고기 요리를 할 때 냄새 제거와 연육 작용, 풍미의 향상을 위해 고기에 직접 넣거나 소스에 첨가하는 방식으로 사용하면 좋다.

와인 식초 만들기

남은 와인과 식초를 대략 1:3이나 1:4 정도로 섞어서 그냥 5~6일 놓아두면 맛있는 와인 식초가 된다. 요리에 넣어 먹어도 맛있고, 빵에 찍어 먹어도 되고 샐러드에 넣어 먹어도 좋다.

올바른 와인 시음법

손님을 초대한 사람이 와인을 시음하는 것은 테이블 매너의 상식이다. 와인 시음은 남성이 하는 것으로 되어 있으므로, 주최자가 여성이라면 동석한 남성 손님에게 시음을 의뢰한다. 먼저 글라스에 와인을 4분의 1정도 따른다. 잔의 다리 부분을 잡고 불빛이 있는 쪽으로 약간 기울여 색깔을 확인한다. 화이트 와인의 경우 침전물은 없는지, 엷은 초록이나 담황빛이 잘 살아 있는지 점검한다. 레드 와인에 침전물이 많거나 색이 검붉으면 보관이 잘못된 것이다. 다음에는 향기를 맡아 본다. 부패된 와인에서는 썩은 코르크 마개 냄새나 식초 냄새가 난다. 끝으로, 와인을 조금 입에 머금고 혀 끝으로 굴리듯하며 천천히 맛을 본다. 단맛·쓴맛·신맛·떫은 맛 가운데서 어느 한 가지 맛이 유난히 강하다면 질이 떨어지는 와인이다. 시음이 끝나 사인이 나면 웨이터는 상석의 여자 손님부터 시계 방향으로 여성에게 먼저 와인을 따라 준 뒤, 상석의 남자 손님에서부터 같은 순서로 남성들의 잔을 채운다.

와인, 이렇게 마셔요!

와인은 요리와 함께 즐기는 술이다. 자칫하면 글라스에 요리 찌꺼기가 남을 수 있으므로 와인을 마시기 전에는 냅킨으로 입을 눌러 닦는다. 입 안에 음식이 들어 있을 때도 와인을 마셔서는 안 된다. 와인을 따라 줄 때는 잔을 테이블 위에 놓은 채 받는다. 글라스를 기울이는 것도 예의에 어긋난다. 호스트나 웨이터가 와인을 권할 때 더 이상 마시고 싶지 않으면 글라스 가장자리에 손을 가볍게 얹는다. 그러나 건배를 위한 샴페인은 마시지 않더라도 조금 따라놓는 것이 예의이다.

4. 와인 도구·소품

디캔터 Decanter

와인 본연의 향과 맛을 느낄 수 있게 해 주며, 병 속에 있을지 모를 침전물을 걸러 내는 데 도움이 된다. 고급 와인일수록 디캔팅하는 것이 좋다. 보통 30분 내지 한 시간 전에 미리 디캔터에 담아 놓는다.

디캔팅하기

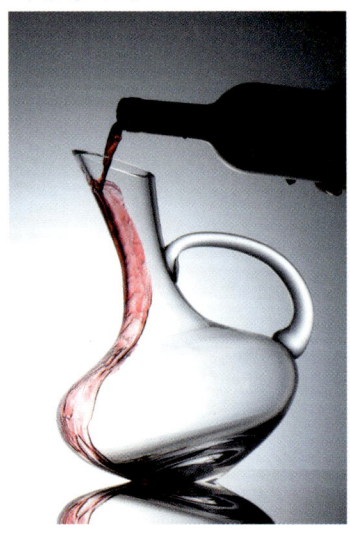

디캔팅이 필요한 와인은 병 숙성을 오래 한 와인이다. 최고급 레드 보르도, 까베르네 쏘비뇽, 레드 론, 시라즈, 레드 부르고뉴, 바롤로, 그 밖에 최고급 이탈리아 레드 와인과 빈티지 포트가 여기에 포함된다.

와인에 침전물이 있는지 확인하려면 병을 빛에 비추어 본다. 보관했을 때 아래에 위치한 면에 어두운 얼룩이 보인다면 침전물이 있다는 증거다. 또는 와인병의 바닥에 검은 입자가 보이는지 확인해 본다.

- 5년 이하의 숙성 기간을 가진 레드 와인은 디캔팅이 필요 없다. 그렇지만 고급 영 레드 와인이라면 잠깐 동안의 브리딩으로도 맛이 좋아진다.
- 화이트 와인은 디캔팅이 필요 없다. 공기에 장시간 동안 접촉하면 화이트 와인의 신선한 맛이 모두 사라지게 된다.

코르크 스크루 Cork Screw

손잡이를 돌리면 코르크가 스크류를 따라 올라오면서 와인을 오픈하는 제품.

진공 펌프 & 스토퍼 Vacuum Pump&Stopper

코르크 리트리버 Cork Retriever

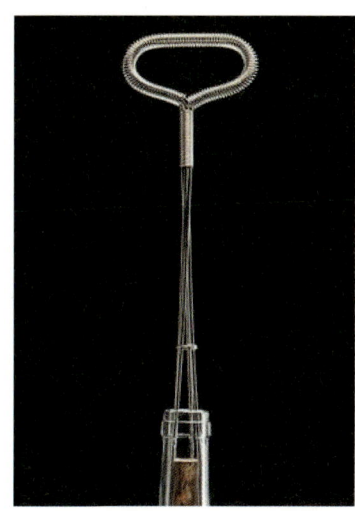

종류에 따른 글라스

와인은 튤립 모양에 다리가 긴 전용 글라스를 사용한다. 위로 갈수록 통이 좁아지는 것은 와인 향기를 오래 유지하기 위해서다. 다리 부분이 긴 것은 손의 온도 때문에 와인이 따뜻해지는 것을 방지하기 위해서이다. 와인 글라스는 투명한 것이 대부분이지만 라인 와인이나 화이트 와인은 색조를 강조하기 위해 색깔 있는 글라스에 따라 마시기도 한다.

레드 와인 글라스

화이트 와인 글라스   스파클링 와인 글라스   스위트 와인 글라스

와인 버켓 bucket

얼음을 넣은 후 와인 병을 담아 두는 것으로, 와인을 마시는 내내 시원하게 즐길 수 있다. 화이트 와인이나 아이스 와인, 샴페인 등 낮은 온도로 즐기는 와인일 경우에 사용한다.

와인 랙 rack

코르크가 건조해지지 않도록 병목 방향으로 뉘어서 보관 및 진열할 수 있다. 가정에서도 적당히 작은 제품으로 구비해 두면 고급스러운 분위기를 연출할 수 있다.

많은 양의 와인을 보관할 때는 독립된 공간에 한 병씩 보관하는 대신 같은 종류를 여러 병 보관한다.

5. 와인 맛을 결정하는 포도 품종

까베르네 쇼비뇽

- 레드 와인에서 사용되는 가장 유명한 포도 품종으로, 보르도 와인에 주로 사용되는 품종 가운데 하나다.
- 향은 블랙커런트와 자두향이 특징적으로 나타나고, 새로운 오크통에서 숙성되면 간혹 바닐라향이 나기도 한다. 어떤 것은 민트향이 나며, 덜 숙성된 것에서 덜 익은 고추향이 나기도 한다.
- 맛은 자두와 블랙커런트 향이 나며, 탄닌의 스트럭처가 좋은 편이다.

메를로

- 까베르네 쇼비뇽과 함께 주로 블렌딩되는 품종으로, 이 자체만을 사용한 와인도 매우 인기가 좋다.
- 자두 · 체리향. 간혹 딸기와 리즈베리 향이 난다.
- 맛은 부드럽고, 과일의 느낌이 강하며, 산도가 낮다. 메를로는 까베르네 쇼비뇽

네비올로

- 이탈리아 북서부의 피에몬테에서 가장 유명한 레드 와인용 포도 품종으로, 다른 지역에서도 지배되지만 지역마다 질이 다르다.
- 향은 일반적으로 타르와 장미향을 내며 강한 아로마를 내뿜는다. 초콜릿 · 커피 · 풀 향기가 나기도 한다.
- 맛이 진하고, 무게감이 있으며, 풍부하다. 탄닌이 많고, 초콜릿 · 타르 · 장미의 맛이 나며, 산도가 높다.

피노 누아르

- 매력적인 포도로 실크와 같은 느낌의 레드 와인을 만들어 낸다. 레드 부르고뉴에 유일하게 사용되는 포도 품종이다. 뉴질랜드, 오리건, 캘리포니아에서도 좋은 삐노 누아르가 재배된다. 스파클링 와인에 전통적으로 사용되는 품종이다.
- 딸기 · 체리 · 바이올렛 · 숲 덤불향이 난다. 간혹 양배추향이 살짝 나기도 한다.
- 산도가 좋고 탄닌이 비교적 적은 편이며, 딸기 · 숲 덤불 · 채소 · 야생고기 맛이 나고, 실크처럼 부드러운 감촉이다.

산지오베세

- 이탈리아 포도 품종으로 네비올로보다 더 많이 전파되었다. 키안띠의 주요 품종으로 사용되며, 중앙 및 남부 이탈리아에서 많이 지배된다. 오스트레일리아와 캘리포니아에서도 성공적으로 재배되고 있다.
- 담뱃잎 · 건포도 · 커피 · 체리향이 난다.
- 탄닌이 많고, 쓴 체리 · 커피 · 담뱃잎 맛이 나며, 간혹 건포도 맛이 나기도 하며, 뒷맛이 떫은 경우도 있다.

씨라

- 프랑스 북부의 밸리에서 재배되는 고급 레드 와인용 포도 품종으로, 오스트레일리아에서도 재배되는데, 그곳에서는 '시라즈'로 불린다. 캘리포니아에서는 '씨라'와 '시라즈'라는 표현을 모두 사용한다.
- 연기 · 풀 · 감초 · 블랙커런트 · 로건베리 · 가죽향이 나며, 론의 씨라는 연기와 풀향이 더 많이 난다. 오스트레일리아 품종은 블랙커런트와 가죽향이 더 강하게 난다.
- 탄닌이 많고, 과일 맛이 매우 풍부하다. 연기와 풀 향기 때문에 맛이 강렬하게 느껴진다. 오스트레일리아산은 맛이 진하고 풍부하며, 과일 맛이 많이 난다. 론산은 탄닌이 많고, 풀 향기가 강하다.

진판델

- 캘리포니아의 특수한 품종으로 '블러쉬'와 같은 달콤한 와인부터 진한 레드까지 매우 다양한 스타일에 사용된다.
- 자두 · 블랙베리 · 향신료 · 흙내음. 가벼운 것은 체리와 레드커런트 향이 더 난다.

- 맛이 강하고 진하며, 탄닌이 많다. 향신료와 블랙베리의 맛이 난다. 가벼운 와인은 탄닌이 훨씬 적으며, 스트럭처도 덜 뚜렷하다. 블러시 잔판델은 더 달콤하고 산도가 높다.

뗌쁘라니요

- 레드 와인에 사용되는 스페인의 주요 포도 품종. 거의 모든 리오하에서 주요 품종으로 사용된다.
- 딸기 · 바닐라 · 캔디향이 난다.
- 바닐라와 딸기 맛이 가볍게 나는 것이 있는 반면에, 맛이 강하고 진하고 풍부하며, 탄닌이 상당히 많이 든 것도 있다.

샤르도네

- 가장 유명한 백포도로, 프랑스 부르고뉴에서 전 세계로 퍼졌다. 여러 지역에서 잘 자라며, 기후에 따라 스타일이 다르다.
- 새 오크통에서 나는 바닐라 향에 약간 영향을 받을 수 있으며, 경우에 따라 이 향이 심할 정도로 느껴지는 경우도 있다. 견과류 · 버터 · 크림 · 토스트 · 비스킷 · 멜론 · 망고 · 파인애플향이 나기도 한다.
- 서늘한 기후에서 생산되는 것은 스트럭처가 견고하고, 따뜻한 기후에서 생산되는 것은 부드럽다.

슈냉블랑

- 프랑스 루아르 밸리의 품종으로, 매우 드라이한 것부터 매우 단 것까지의 최고급 와인을 만들어 낸다.
- 사과 · 레몬 · 꿀 · 미네랄 향이 약간 느껴진다.
- 드라이한 것은 미네랄 맛, 사과와 레몬 맛이 많이 난다.

게부르츠트라미너

- 이국적인 향이 난다. 특히 원산지가 알자스인 것에서 이러한 향이 심하게 느껴진다.
- 여지 · 얼굴 화장 크림 · 장미 · 아이스크림향이 난다.

- 피망과 커피 맛이 약간 나며 산도가 낮다.

뮈스까

- 와인에서 포도 맛이 나는 유일한 품종. 뮈스까 블랑 아 쁘띠 그랭이 가장 섬세한 맛을 낸다. 드라이 와인과 스위트 와인의 생산에 사용되며, 스파클링 와인에도 사용된다.
- 신선한 포도 · 장미 · 오렌지 껍질 · 사과 향. 스위트 와인에서는 건포도 향이 난다.
- 신선한 포도 · 사과 · 오렌지 향. 단맛이 강한 와인에서는 건포도의 맛이 강하게 난다.

리슬링

- 복잡한 맛이 나는 섬세하고 우아한 와인을 만드는 데 사용된다. 드라이와 스위트 와인을 만들어 낸다. 독일의 리슬링은 알자스와 오스트레일리아의 것에 비해 맛이 화려하다.
- 복숭아 · 사과, 꿀향기가 난다.
- 복숭아 · 연기 · 향신료의 향. 단것은 맛이 강하고 농축된 느낌. 숙성된 와인은 꿀맛이 난다. 섬세하고 엄격한 스트럭처를 갖고 있다.

쏘비뇽 블랑

- 프랑스 루아르 밸리의 품종으로 특히 쌍세르에 주로 사용된다. 뉴질랜드에서 특히 잘 자라며, 칠레 · 오스트레일리아 · 캘리포니아에서도 재배된다.
- 구즈베리, 막 깍은 잔디, 쐐기풀, 아스파라거스 향이 난다.
- 산도가 높고 스위트 와인은 꿀과 건포도 맛이 나고, 산도가 적당한 조화를 이룬다.

쎄미용

- 보르도에서 재배되는 품종으로, 드라이 와인과 스위트 쏘떼론에 사용된다. 드라이 와인에 사용되는 것은 오스트레일리아에서 많이 재배된다.
- 레몬 · 라놀린 · 견과류 · 커스터드향이 난다.
- 드라이 와인은 토스트와 꿀맛이 난다. 숙성이 되면 밀랍 맛이 나며, 새 오크통에서 숙성되지 않더라도 그와 비슷한 맛이 난다. 드라이 와인은 농축된 느낌이 들

며, 복숭아와 레몬 맛이 난다.

삐노 그리

- 스파이시한 것부터 스위트 와인까지 만들어 내는 품종. 알자스의 삐노 그리는 맛이 진하고 충만한 반면, 이탈리아의 피노 그리지오는 가볍고 상쾌한 와인을 만들어 낸다.
- 향은 특별히 강하지 않다.
- 대체로 드라이하며 맛이 매우 진하지만 압도적이지는 않다.

6. 와인 용어

- **산**酸, asid : 와인에는 4개의 주요 산이 있다. 이는 타르타르산, 말산, 락산, 시트르산 등이다.
- **맛의 여운**aftertaste : 와인을 맛본 뒤에 입에 남아 있는 맛이나 향.
- **알코올**alcohol : 발효하는 동안 당분에 이스트를 첨가하여 자체적으로 작용하여 생기는 화학 성분. 에틸알코올.
- **아로마**Aroma : 포도 자체에서 가장 먼저 나오는 과일향, 흙냄새 등 1차 향기.
- **부케**Bouquet : 발효와 숙성 과정에서 일어나는 화학적 변화에 의해 숙성된 깊은 향기를 말한다. 스모키향, 오키향, 초콜릿향, 바닐라향 등 2차 향기가 난다.
- **밸런스**Balance : 어느 한 가지 성분이 우세하지 않고 여러 성분이 잘 균형을 이룬 상태.
- **브릭스**Brix : 포도, 포도액, 와인의 당분의 정도를 나타내는 척도로 수확기의 포도의 익은 정도를 나타낸다. 대부분의 테이블 와인은 21-25brix를 가진다.
- **발효**Fermentation : 이스트가 당분을 알코올과 이산화탄소로 분해하는 과정.
- **와인의 레그**Legs : 와인은 흔들고 난 후 잔의 표면에서 흘러내리는 것.

와인의 레그 비교

와인의 레그는 알코올의 함량을 보여 준다. 왼쪽 그림의 와인은 레그가 없고 오른쪽 와인은 레그가 있다. 오른쪽이 알코올 함유율이 높은 것이다.

- **길이**Length : 와인을 마신 후 맛이나 향이 입 안에 남아 있는 시간.
- **침용**Maceration : 발효 중에 포도의 껍질에서 탄닌과 아로마를 빠르게 추출하는 것.
- **유산 발효**Malolactic Fermentation : 와인에서 일어나는 두 번째 발효. 말산을 락산과 이산화탄소로 바꾸는 발효.
- **머스트**Must : 포도를 으깨서 만든 발효되지 않은 포도 주스.
- **에티켓**Etiquette : 와인의 품종, 등급, 산지, 생산자 등의 정보 제공하는 레이블.
- **드라이**Dry : 감미가 없는 와인. 반대말은 스위트.
- **바디**Body : 입 안에서 알코올, 탄닌, 글리세린 등의 무게감. 풀 바디Full body, 미디엄. 바디Medium body, 라이트 바디Light body로 표현한다.
- **탄닌**Tannin : 포도 껍질, 줄기, 씨앗에서 떫은맛이 생성되는데, 레드 와인에 많다.
- **블랜딩**Blending : 서로 다른 품종, 포도원, 빈티지 등 여러 다른 요소들을 균형 있는 좋은 와인을 만들기 위해 혼합하는 것.
- **빈티지**Vintage : 포도를 수확해서 포도주로 만든 생산년도.
- **디캔팅**Decanting : 와인을 유리 용기에 옮겨 침전물 제거나 공기 접촉으로 좋은 향을 유도하는 것.
- **콜키지**Cork Charge : 레스토랑에 와인을 가져갔을 때 지불해야 하는 서비스 요금.
- **비티스 비니페라**Vitis Viniferra : 양조용 포도 품종.
- **산화**Oxidized : 공기에 오래 노출되었거나, 색이 변하여 오래된 사과향 등의 향을 가진 와인.

레스토랑에서 와인을 고를 때

먼저 예산을 생각한다. 종류에 따라 가격이 천차만별이기 때문이다. 와인에 대해 잘 모를 때는 하우스 와인 House wine을 주문한다. 하우스 와인이란 레스토랑에서 음식과 가장 잘 어울리는 와인으로 추천하는 것이다.

7. 와인과 건강

와인은 인류에게 있어서 가장 오래된 약이라고 일컬어진다. 이른바 '술'이 우리 인생에 즐거움과 유익함을 동시에 가져다준다는 것은 극히 드문 일이다. 이러한 이유 때문에 전통적으로 와인을 마셔오지 않았던 아시아 지역까지도 와인을 적극적으로 마시게 된 것으로 볼 수 있다.

- **심장병 예방** - 와인은 혈관 확장제 역할을 함으로써 협심증과 뇌졸중을 포함한 심장병의 가능성을 줄이는 데 도움이 된다. 레드 와인에는 HDL(유용한 콜레스테롤)이 있는데 동맥에 있는 나쁜 콜레스테롤을 없애는 역할을 한다. 또한 레드 와인은 혈청 콜레스테롤을 낮춰 주는 역할을 하는 레스베라트롤Resveratrol이라는 복합 항균 물질이 있다.

- **소화 기능** - 와인은 소화를 촉진시키는 위장액을 분비할 수 있도록 도와준다. 이것은 또한 콜레라, 박테리아와 장티푸스를 죽이는 역할을 한다.

- **비타민과 미네랄 풍부** - 와인은 칼륨이라는 미네랄, 소디움, 마그네슘, 칼슘, 철분, 인, 비타민 B와 비타민P 등을 함유하고 있다.

- **항바이러스 작용** - 레드 와인은 폴리페놀 성분이 있어서 감기 바이러스 등에 효과적이다.

- **노화 방지** - 적당한 양의 와인을 주로 마시는 나이 든 많은 사람들은 정신적인 질병에 잘 걸리지 않고 건강을 유지하고 있다. 와인 속의 미네랄 붕소는 나이 든 여성에게서 칼슘의 흡수를 도와주고 에스트로겐 호르몬을 유지하게 하는 역할을 하는 데 도움을 준다.

- **항암 작용** - 레드 와인은 쿼르세틴으로 알려진 강한 항암 성분을 가지고 있다. 이

포도 주스의 발효 성분이 인체에 들어가면서 활성화되기 때문이라고 한다. 와인은 또한 발암 예방을 위한 성분으로 알려진 갈산 성분이 있다.

- **항스트레스 작용** - 와인은 암 유발의 또 다른 요인이 되는 스트레스를 없애는 진정제 성분을 가지고 있다.

- **신장(콩팥) 기능 강화** - 와인은 알칼리 성분을 가지고 있어서 신장 산혈증에 좋은 효능을 한다.

- **편두통 예방과 해소** - 레드 와인은 창자 속에 있는 모든 종류의 박테리아를 제거하고 해독 역할을 하는 PST-P라고 불리는 효소를 가지고 있는데 이 PST-P가 없으면 편두통이 생기게 된다.

- **임신부가 마실 수 있는 술** - 알코올이 태아에게 영향을 주고 있다고 하는데 연구 결과 약간의 알코올은 신생아에게 해를 끼치지는 않는다고 한다. 그러나 안전을 위해서는 피하는 것이 좋다. 결론적으로 와인은 분명히 적당하게 마실 경우에는 건강에 유익함을 준다. 너무 많이 와인을 마신다면 알코올 중독이 될 수도 있고 지나친 알코올은 와인의 유익한 효과를 누르고 나쁜 결과를 보일 수 있다는 것을 명심하자.

프렌치 패러독스 French paradox란?

1979년, 허혈성 심장병에 대한 흥미로운 역학 조사가 발표되었다. 18개 선진국을 골라 55세에서 64세의 사람들을 표본으로 조사해 보니, 심장병 사망률과 국민 소득, 의사와 간호사의 비율, 지방 섭취량 등은 별 관계가 없고, 알코올 소비량, 특히 포도주 소비량이 많은 나라일수록 심장병에 의한 사망률이 낮다는 점이 구체적인 통계 자료를 통해 밝혀졌다.

그 뒤에도 심장병과 알코올 또는 포도주의 관계를 설명하는 발표가 이어졌지만, 일반에게 널리 알려진 것은 1991년 이른바 '프렌치 패러독스 French paradox' 라는 것이 미국의 텔레비전에 소개된 다음부터다.

프랑스 사람의 지방 섭취량은 미국 사람보다 적지 않고, 콜레스테롤 수치도 비슷한데, 심장병 사망률은 미국의 경우 인구 1만 명당 182명인데 비해 프랑스는 102~105명 정도로 낮게 나타난 것이다.

특히 포도주가 많이 생산되는 프랑스 남쪽 도시 투루즈는 다른 프랑스 지방에 비해 더 낮은 78명이었다. 이 때문에 이 방송이 나간 다음부터 미국에서는 없어서 못 팔 정도로 적포도주 판매량이 크게 늘어났다고 한다.

미국에서는 관상동맥경화증과 같은 심장질환에 의한 사망률이 가장 큰 사망 원인으로 사망자 수의 1/3을 차지한다. 이 때문에 심장병에 대한 관심도가 상당히 높은 편인데, 미국 사람들은 프랑스 사람보다 술도 적게 마시고 운동도 더 많이 하는데 사망률이 더 높다고 하니 미국 사람들로서는 놀랄 수밖에 없었다. 즉 상식적으로 상반된 결과가 나왔기 때문에 이 현상을 '프렌치 패러독스'라고 한 것이다.

8. 소믈리에가 추천하는
한식에 어울리는 와인

<u>조을호</u> 그랜드 하얏트 서울 소믈리에

한식은 양식에 비해 조리 시 많은 종류의 양념을 사용하여 매운맛과 짠맛이 매우 강한 자극적인 음식이라 할 수 있습니다. 이러한 한식의 특성상, 어울리는 와인을 찾기가 매우 어려운 점이 있습니다. 우선, 와인과 음식의 조화에 대한 기본적인 원칙을 몇 가지 안내하고, 대표적인 몇 종류의 한식과 그와 잘 어울릴 만한 와인을 소개해 드리겠습니다.

기본 원칙
와인은 음식의 맛에 영향을 주고 음식 또한 와인의 맛에 영향을 줍니다. 와인과 음식은 기본적인 성향이 조화를 이루게 되면 서로 그 맛이 배가 됩니다. 다음은 와인의 맛을 이루는 몇 가지 요소별로 와인과 음식을 매치시키는 요령을 간단히 알아보겠습니다.

- 무게Body : 와인의 맛이 무거울수록 맛이 강한 와인과 잘 어울립니다. 예를 들면, 기름진 음식에는 알코올 성분이 많고 향이 진한 와인이 어울리고, 섬세한 음식에는 가벼운 와인이 잘 어울립니다.
- 산도(신맛) : 음식의 신맛은 와인의 신맛과 조화를 이루어야 합니다. 신맛이 강한 음식이나 기름기 많은 생선의 맛을 없애기 위해서는 신맛이 강한 와인이 좋습니다.
- 단맛 : 디저트에 와인을 곁들일 때는 와인의 단맛이 음식의 단맛만큼 달거나 더 달아야 합니다.
- 소스 또는 조미료 : 와인을 음식의 주재료에 맞추는 것보다는 향이 진한 소스나 조미료의 향에 맞추는 것이 더욱 조화롭게 느껴집니다.

한식에 어울리는 와인
- 불고기 · 갈비구이 : 갖은 양념을 사용하여 단맛과 짠맛이 조화를 이루며 기름기

닭겨자냉채

쇠고기 부추잡채

와인 삼겹살

가 비교적 많지 않은 불고기와 갈비구이는 프랑스의 Cotes du Rhone Villages를 추천합니다. Grenache 품종 특유의 조선간장 냄새는 양념의 주재료인 간장의 맛과 잘 어울린다고 생각됩니다.

- 갈비찜 : 양념과 국물의 강한 맛 그리고 상대적으로 질기게 느껴지는 고기의 씹는 질감을 고려해 보면 향이 강렬하고 진한 맛의 와인인 이탈리아의 Barolo, 프랑스의 Hermitages가 잘 어울린다고 할 수 있습니다.

- 제육볶음 : 고추장으로 양념을 하여 매운맛이 강하고 기름진 음식의 특성상, 맛이 진하며 고추향이 느껴지는 칠레산 Carmenere가 잘 어울립니다.

- 잡채 : 양념 맛이 강하지 않고 기름기가 비교적 많으며 많은 종류의 재료를 사용하는 음식의 특성상, 모든 음식에 잘 어울리는 Sparkling Wine이 잘 어울립니다. 상대적으로 기름진 음식이라 기름기를 제거하기 위해서는 Chardonnay로만 만든 Blanc de Blanc Sparkling wine이 더 좋겠습니다.

- 삼계탕 : 닭고기 특유의 잡냄새를 없애 주며 국물의 느끼함과 인삼의 강한 향에 압도되지 않을 만한 와인으로는 프랑스 Alsace의 Gewurztraminer 외에는 없다고 생각됩니다.

- 김치찜 : 묵은지 특유의 신맛과 어울리는 와인은 김치의 신맛에 버금가는 높은 산도를 지닌 와인이 제격이라 할 수 있겠습니다. 프랑스 Alsace의 Riesling은 높은 산도와 강렬한 향, 진한 맛으로, 어떤 부재료가 들어간 김치찜과도 잘 어울리는 와인입니다.

- 족발 : 여러 종류의 스파이스와 함께 장시간 삶아서 만들어지는 족발은 스파이시한 향을 가지고 있는 프랑스 Alsace의 Gewurztraminer와 잘 어울리며, 자극적인 맛과 향을 가진 새우젓과 함께 할 때는 다른 어떤 와인보다도 더욱 잘 어울립니다.

- 삼겹살 : 기름기가 매우 많으며 맛 또한 부드러운 삼겹살은 고기 자체의 질감이나 맛보다는 기름진 맛에 압도되지 않을 정도의 진한 향, 높은 산도, 강한 알코올 도

수를 가진 와인이 잘 어울립니다. 상대적으로 기름기를 많이 제거한 솥뚜껑 삼겹살 같은 경우는 부드러운 맛과 적절한 산도를 가진 Merlot나 Pinot Noir, 기름이 많은 프라이팬 구이에는 향, 산도, 알코올뿐 아니라 단맛 또한 강한 Bordeaux 지방의 스위트와인—상대적으로 저렴한 Cadillac 정도면 무난—이 잘 어울립니다.

이상 대표적인 몇 가지 음식에 대해서 어울릴 만한 와인을 추천해 드렸습니다만, 기본적으로 한국 음식은 와인과 매치하기에 어려운 점이 매우 많습니다. 위에 소개해 드린 와인도 거의 대부분이 프랑스 Alsace와 Rhone 지역에 집중되어 있는데, 모두 제 경험에 의해서 느껴진 대로 소개해 드린 것입니다. 하지만 가장 중요한 점은, 사람마다 느끼는 입맛이 다 다르기 때문에 어떠한 틀에 얽매이지 않고 자신의 취향에 맞는 와인을 선택하는 것이라고 생각합니다.

이준행 서울 웨스틴조선호텔 나인스 게이트 그릴 소믈리에

• 한방 갈비찜과 어울릴 만한 와인 : 호주 시라즈가 잘어울릴 것 같습니다. 호주 시라즈의 특성상 허브향이 강하고 또한 탄닌이 좋기 때문에 한방으로 내는 한약재의 향과 그 부드러운 고기 질감이 호주 시라즈의 탄닌으로 인해서 한층 더 좋아질 것 같습니다.
추천 와인: Two Hands Angel's Share2007, Woodcutter's Shiraz

• 불고기와 어울릴 만한 와인 : 불고기는 고기의 육질보다는 그 재워 놓은 소스의

불고기 냉채 · 새송이버섯 떡갈비 · 쇠고기 경단 꼬지

달콤함에 더욱 맛을 느끼는 것 같습니다. 그렇다고 해서 스위트한 와인보다는 미국의 메를로나 과일향이 풍부한 카비넷 쇼비뇽이 잘 어울릴 것 같습니다.

추천 와인 : Peakmarlot, Clos du val Cabernet Sauvignon

- **숯불갈비와 어울릴 만한 와인** : 갈비 또한 스테이크처럼 불에 직화하기 때문에 숯의 향이 굉장히 좋습니다. 그렇기 때문에 갈비도 프랑스 보르도 지역의 드라이한 레드 와인이나 아니면 칠레의 카비넷 쇼비종 또한 그 조화를 잘 이룰 것 같습니다.

추천 와인 : Chateau Haut-Batailley(Pauillac), Undurraga Founder's Collection (Chile)

그리고 제 생각에 한 가지 더 말씀을 드리면, 아르헨티나 말벡 품종의 와인은 한국의 모든 육류 음식과 잘 어울릴 것 같습니다. 혹자가 말하기를 아르헨티나 말벡은 개고기하고도 잘 마리아주를 할 수 있는 와인이라고 하더군요.

엄경자 인터컨티네탈호텔 소믈리에

음식과 와인에 대한 관심은 고조되고 있음에도 불구하고 사실 국내 한식에 어울리는 와인에 대한 정보는 미흡했던 것이 사실입니다. 이에 이러한 유익한 내용을 공유하기 위해 책으로 출간하신다니 업계 종사자로서 감사드립니다.

- **새송이버섯 떡갈비** : 까베르네 쇼비뇽을 기본으로 브랜딩 된 와인이 어울린다. 보르도 메독 지방의 와인은 주로 블랙 커런트, 카시스의 과일 향이 풍부하면서 감초 향과 시가 박스, 타바코의 향이 조화를 이루어 복잡한 아로마를 준다. 특히 송로 버섯의 향과 삼나무 향이 느껴져 버섯을 가미된 음식하고 잘 어울린다. 입 안에서는 견고하면서 동시에 벨벳 같은 탄닌으로 응축력과 짜임새 있는 풀 바디 구조를 지닌 와인으로 음식의 육질을 부드럽게 만들어 주면서 조화를 이룬다.

추천 와인 : 메독 레드 와인(Medoc)

- **삼겹살 깻잎말이구이** : 농익은 블랙베리, 자두의 과일 향이 풍부하면서 스파이스 특히 민트, 월계수의 향이 개성적으로 돋보이는 와인으로, 신선하면서 풍미 있는 깻잎의 향과 조화를 이룬다. 비교적 높은 산미와 풍부한 탄닌 그리고 높은 알코올

이 조화를 이루면서, 풀 바디하고 긴 여운을 남긴다. 지방이 풍부한 육질 음식을 담백하게 만들어 주면서 잘 어울린다.

추천 와인 : 칠레산 까베르네 쇼비뇽(Cabernet Sauvignon)

- **갈비찜** : 농익은 과일과 달콤한 잼의 향이 풍부하면서 초콜릿과 바닐라향, 스파이스향이 조화를 이루며 풍부한 아로마가 돋보인다. 부드럽고, 짙은 응축력의 탄닌과 깊이 있는 구조감은 풀 바디 구조로 긴 여운을 남긴다. 달콤하면서 짠맛이 느껴지는 육질의 갈비찜과 부드러운 구조와 달콤한 향이 돋보이는 뉴월드의 시라즈가 절묘한 조화를 이룬다.

추천 와인: 호주산 시라즈(Shiraz)

- **차돌박이 버섯찜** : 체리, 산딸기 등의 레드 과일향이 돋보이면, 젖은 낙엽, 타바코의 향이 조화를 이루며 풍부한 아로마를 느끼게 한다. 피노 누아 포도의 부드러운 탄닌과 섬세한 감촉은 우아한 구조와 미디움 바디 스타일의 와인으로 신선하고 긴 여운을 준다. 담백하면서 육질이 부드러운 고기의 찜류에 잘 어울린다.

추천 와인: 부르고뉴 레드 와인(Pinot Noir)

- **바실 넣은 홍합찜** : 자몽, 귤, 레몬 등의 상큼한 과일 향과 미네랄, 푸릇푸릇한 허브 향이 조화를 이루면서, 입 안에서 높은 산도와 신선함이 돋보이는 깔끔한 스타일의 와인으로 음식의 허브와 담백한 홍합과 잘 어울린다.

추천 와인 : 쌍쎄르 쇼비뇽 블랑(Sancerre Sauvignon Blanc)

- **수삼 오이 잣소스 냉채** : 빈티지 샴페인에서 느껴지는 사과, 미네랄 향과 구수한 브리오쉬 빵의 향기, 그리고 숙성된 부케로 아시안 스파이스, 잣 등의 견과류 향, 인삼의 향이 절묘한 조화를 이룬다. 신선함이 살아 있으며, 짜임새 있는 구조와 벨벳 감촉은 긴 여운을 남긴다. 수삼의 향과 신선한 냉채의 맛과 잘 어울린다.

추천 와인 : 빈티지 샴페인(Vintage Champagne)

- **쑥 해물 튀김** : 비오니에 포도 품종으로 만들어진 와인으로, 아로마가 풍부한 스타일로, 산도와 긴 여운이 돋보인다. 뒤에서 느껴지는 감칠맛과 견고한 맛이 녹두 음식과 조화를 이룬다.

추천 와인 : 꽁드리유 지방 화이트 와인(Condrieu)

수삼 오이 잣소스 냉채 / 고추장 홍합찜 / 쑥해물튀김

- **망고살사를 곁들인 쭈꾸미구이** : 쭈꾸미의 쫀득거리는 맛과 달콤 쌉싸름한 망고 살사의 조화는 청정 지역 뉴질랜드 화이트 와인과 제격이다. 특히 열대 과일향, 망고, 구즈베리 향이 풍부한 뉴질랜드 쇼비뇽 블랑은 신선하고, 깔끔한 스타일로 입 안을 상큼하게 만들어 주면서 망고 살사 소스와 잘 어울린다.

  추천 와인 : 뉴질랜드 쇼비뇽 블랑(New Zealand Sauvignon Blanc)

WINE & KOREA FOOD

와인에 어울리는 한식, 별미

몇 가지 원칙만 지키면 와인과 한국 음식의 조화는 그런 대로 괜찮은 결과를 가져온다. 첫째 로 매운 국물 요리에는 와인을 곁들이지 않는 것이 좋다. 와인 자체가 국물 효과를 내는데다가 매운맛이 혀를 마비시켜 와인의 조화로운 향과 맛을 온전히 즐기기 어렵다. 둘째, 비싼 와인보다는 저가의 와인인 칠레나 호주의 와인이 부담 없다. 셋째, 가급적 양념을 많이 하지 않은 요리가 와인에 잘 맞는다는 사실을 기억한다. 한국 요리도 양념을 진하게 하지 않을수록 흔한 말로 '재료의 맛이 살아 있는' 경우가 된다. 예를 들어 삼겹살구이, 로스구이, 편채 같은 요리에 가벼운 레드 와인을 곁들이면 아주 훌륭하다. 넷째로는 생선회보다는 생선구이나 생선전에 와인이 잘 맞는다. 생선회는 특유의 금속성 맛이 있다. 화이트 와인도 이런 금속성 촉각이 있다. 그래서 서로 충돌하기 쉽다. 특히 타닌이 강한 레드 와인을 마신다면 생선회에는 대부분 어울리지 않는다. 다섯째로는 숯불구이에 보르도의 레드 와인도 좋은 매치를 보여 준다.

육류 요리에 어울리는 와인

쇠고기

쇠고기의 독특한 육질에는 진하고 풍부한 맛을 지닌 레드 와인이 잘 어울린다.

- 보르도 : 진하고 맛이 다양한 레드 와인으로, 육즙이 많은 스테이크에 언제나 어울리는 와인이다.
- 부르고뉴 : 육질이 더욱 부드러운 캐서롤에는 바디가 가볍고 부드러운 레드 와인이 좋다.

돼지고기

돼지고기는 매우 다양한 방법으로 요리할 수 있기 때문에 요리 방법이 와인의 선택을 좌우한다.

- 키안띠 : 마리네이드 요리를 하거나, 바비큐를 한다면 숯의 풍미와 어울리는 와인을 선택한다.
- 리오하 : 구운 돼지고기에는 리오하처럼 풀 바디를 가진 와인이 필요하다.
- 발폴리첼라 : 달콤한 사과 소스와 돼지고기를 함께 먹는 이탈리아산 발폴리첼리는 맛이 매우 좋다.

양고기

양고기는 오븐에 구운 요리를 많이 하는데 민트 소스는 와인의 맛과 어울리지 않기 때문에 많이 쓰지 않도록 조심한다.

- 그르나슈 : 오븐에 구운 스프링 램 요리에는 씨라와 블렌드한 와인이 제격이다.
- 보르도 : 성숙한 양고기에는 보르도의 뽀므롤이 최고다. 뽀므롤은 깊고 진한 맛이 나지만 탄닌과 산도가 낮은 편이다.

송아지고기

송아지고기는 고기의 색으로 품질을 평가할 수 있다. 고기의 색이 흴수록 맛이 더욱
부드럽고 섬세한데, 여기에는 가벼운 와인이 어울린다.

● 부브레 : fine dry 및 off-dry 화이트 와인은 흰 송아지고기에 잘 어울린다.
● 보르도 : 진한 레드 와인은 어두운 송아지고기의 뚜렷한 맛을 밖으로 끌어낸다.
● 소아베 : 크림이든 화이트 와인 소스를 사용한 송아지 고기에는 light dry 화이트
와인이 잘 어울린다.

소시지

소시지는 고기의 종류와 소시지의 성질에 따라서 와인을 선택한다. 향신료가 많이 든
소시지는 와인을 선택하기 까다로울 수 있다.

● 시라즈 : 바디가 매우 견고하고 맛이 무르익기 때문에 대부분 소시지에 어울린다.
● 꼬뜨 드 론 : 맛이 풍부한 레드 와인이 최고의 선택이다.

셀러미와 그 밖의 저장육

차갑게 서빙하는 고기인 셀러미와 그 밖의 저장육은 맛이 매우 강하기 때문에 진한
레드 와인이 어울린다. 고기가 차가우면 지방기가 잘 느껴지므로 산도가 높은 와인이
좋다.

● 론 : 론 지역의 아로마가 강하고 풀바디 와인은 모든 콜드 미트에 썩 잘 어울린다.
● 삐노 누아르 : 가장 잘 어울리는 것은 캘리포니아 뉴월드 와인이다.

파프리카 불고기

재료

쇠고기 200g, 파프리카(주황 · 노랑) 1/2개씩, 양파 1/2개, 양송이버섯 2개
   불고기 양념 : 간장 5큰술, 설탕 3큰술, 양파즙 · 배즙 2큰술, 다진 파 · 다
진 마늘 1큰술씩, 깨소금 1작은술, 참기름 1큰술, 후춧가루 약간

만들기

1. 고기는 큼직하게 썰어서 분량의 불고기 양념 재료를 넣고 잠시 재운다.
2. 파프리카와 양파는 0.5cm 두께로 채 썰고, 양송이버섯은 얇게 길이로 썬다.
3. 팬에 식용유를 두르고 파프리카와 양파, 양송이버섯을 살짝 볶는다.
4. 3에 1의 쇠고기를 넣어 센 불에서 볶아 준다.

🧑‍🍳 파프리카는 비타민A · C, 철분, 칼슘 등 영양 성분이 다른 채소에 비해 월등히
많이 함유되어 있다. 스트레스를 해소하는 데 도움이 되고, 피부 탄력 유지 효
과가 있으며, 어린이의 성장을 촉진하고 성인병의 원인인 콜레스테롤의 수치를
떨어뜨리는 작용을 한다. 항암 · 비염 예방 · 체중 감량 · 수은 해독 등의 효능이
있다. '보석 채소'라고도 부르는 파프리카와 쇠고기를 함께 넣어 만든 불고기
는 남녀노소 누구나 좋아하는 맛과 영양소가 듬뿍 들어간 음식이다.

🍷 육류 요리와 레드 와인이 음식궁합이 잘 맞는다는 건 많이 알려진 사실이다. 템
프라니요 포도 품종의 부드러운 탄닌과, 진하지 않고 달콤한 양념의 불고기가
잘 어우러진다.

궁합이 맞는 와인

- 와인명 : 마르께스 드 리스칼 1860 Marques de Riscal 1860   ● 와인 타입 : 레드
- 원산지 : 스페인   ● 빈티지 : 2006

불고기 냉채

재료

쇠고기 200g, 양상추(적상추나 치커리, 베이비 채소들이 좋아요.), 양파 · 배 각 1/4개, 청오이 1/2개

불고기 양념 : 간장 2큰술, 설탕 2큰술, 다진 마늘 1큰술, 정종 · 맛술 1큰 술씩, 통깨 1큰술, 후추 약간

냉채 소스 : 올리브유 5큰술, 양지 육수 1/2컵, 진간장 2큰술, 현미식초 2 큰술, 설탕 2큰술, 레몬즙 1큰술, 씨겨자 2큰술, 소금 · 후추 약간씩

만들기

1. 쇠고기는 5mm 두께로 준비해 양념에 재운다.
2. 상추는 손으로 뜯고, 양파는 채 썰고, 오이는 반으로 어슷 설어 찬물에 담가 둔다.
3. 양념한 고기는 볶아서 한 김 나가게 식혀 둔다.
4. 냉채 소스는 만들어 차게 두었다가 먹기 직전에 부어 준다.

🍷 시원하게 즐기는 근사한 한 접시 소스에 씨겨자가 들어가서 색다른 맛이 나는 불고기 냉채는 향긋한 맛과 블랙베리의 부드러운 와인이 시원한 불고기 냉채와 잘 어우러진다.

궁합이 맞는 와인

● 와인명 : 코노수르 메를로 리저브 Cono Sur Reserva Merlot ● 와인 타입 : 레드
● 원산지 : 칠레 ● 빈티지 : 2006

새송이버섯 떡갈비

재료
새송이버섯 2개, 다진 쇠고기 120g, 호박·파프리카(다진 것) 각 40g, 다진 파·마늘 각 1큰술, 진간장 2큰술, 맛술 1큰술, 빵가루 3큰술, 후춧가루·잣가루 약간씩

만들기
1. 볼에 다진 쇠고기, 파, 마늘, 호박, 파프리카를 담고 분량의 양념을 넣고 치댄다.
2. 빵가루를 넣어 가면서 농도를 조절한다.
3. 새송이버섯은 편으로 썰어서 고기 반죽으로 감싼다.
4. 팬에 기름을 약간 두른 후 3을 앞뒤로 살짝 익힌다.
5. 200°C로 예열된 오븐에서 10분간 더 굽는다.
6. 접시에 담고 잣가루를 뿌려 먹음직스럽게 낸다.

🌱 새송이버섯은 육질이 치밀하며 그 씹는 맛이 자연송이와 비슷하다. 옛부터 유럽에서도 '초원의 꿀맛버섯'이라 하여 대중적 인기가 높은 버섯으로, 비타민C가 풍부하고 필수아미노산을 다양하게 함유하고 있다.

🍷 새송이버섯향과 양념된 고기가 그릴에 구워져 맛과 향이 즐겁게 만든다. 감칠맛이 입안을 가득 채우며 넘치는 기품을 선사하는 와인과 함께 먹으면 근사한 만찬이 된다.

궁합이 맞는 와인

● 와인명 : 마커스 Marcus   ● 와인 타입 : 레드   ● 원산지 : 스페인
● 빈티지 : 2002

쇠고기 경단 꼬치

재료

다진 쇠고기 180g, 양파 1/2개, 당근 1/3개, 파 1/2뿌리, 마늘·소금·후추 약간식, 빵가루 1컵, 밀가루 1/2컵, 달걀 1개

만들기

1. 볼에 다진 쇠고기, 다진 채소에 소금, 후추, 파, 마늘을 넣고 치대 준다.
2. 치댄 고기에 풀어놓은 달걀을 입히고 밀가루를 붙이고 마지막으로 빵가루를 넣고 한번 더 치대 준다.
3. 경단 모양으로 굴려 꼬치에 꽂는다.
4. 160˚C 오븐에서 15분간 구워 준다.
5. 5의 경단에 머스타드나 돈까스 소스, 케첩 등을 곁들여도 좋다.

먹기 좋게 꼬치에 꽂아 테이블에 놓으면 손님상으로도 보기 좋고 맛도 좋다. 찰진 듯한 쇠고기 경단이 오븐에 구워져 더 좋은 맛이 난다.

남성적인 까베르네 쇼비뇽을 진하지 않게 만들어 경단 꼬치와 마셨을 때 입 안에 겉돌지 않고 고기의 부드러움이 살아난다.

궁합이 맞는 와인 * 풀 바디 와인으로 입 안 가득한 균형감이 장기 숙성의 최고급 와인임을 짐작케 한다.

- 와인명 : 발디비에소 까베르네 쇼비뇽 Valdivieso Cabernet Sauvignon
- 와인 타입 : 레드 ● 원산지 : 칠레 ● 빈티지 : 2006

쇠고기 부추 잡채

재료

쇠고기 200g, 부추 1/3단, 파프리카 1개, 양파 1/2개

　양념 : 다진 파 1작은술, 다진 마늘 1큰술, 간장 2큰술, 설탕 1큰술, 참기름 · 후추 약간씩

만들기

1. 쇠고기는 채 썰어 양념장에 재워 둔다.
2. 부추는 5cm 정도의 길이로 자른다.
3. 양파와 파프리카는 채 썰어 준비한다.
4. 달군 팬에 1의 고기를 볶아 놓는다.
5. 파프리카 · 양파 · 부추를 살짝 볶다가 볶은 쇠고기를 넣고 접시에 담는다.

🌱 부추는 비타민A와 비타민C가 풍부해 하루 필요량 중 절반을 공급할 만큼 영양가가 높은 식품이다.

🍷 달콤 아삭한 쇠고기 부추잡채엔 레드 와인의 적절한 탄닌과 바디가 기름기를 개운하게 씻어 준다.

궁합이 맞는 와인　＊ 적절한 탄닌과 바디

- ● 와인명 : 핀카로스네바도스 Finca Sos Nevados　● 와인 타입 : 레드
- ● 원산지 : 스페인　● 빈티지 : 2004

와인 삼겹살

재료

삼겹살 400g, 파 1뿌리, 마늘 5쪽, 양파 1개, 월계수잎 3장, 통후추 약간
　고추장 양념 : 고추장 3큰술, 물엿 2큰술, 와인 2컵

만들기

1. 삼겹살을 와인에 넣은 뒤, 파 · 마늘 · 양파 · 통후추 · 월계수잎을 넣고
　1~2시간 재워 둔다.
2. 분량의 재료로 고추장 양념을 만들어 놓는다.
3. 1의 고기에 고추장 양념을 넣어 버무린다.
4. 냄비에 재워진 재료를 넣고 졸인다.
5. 고기가 다 익으면 고기만 건져 썰어서 담아 낸다.

집에서 마시다 남은 와인을 이용해 보세요.

부드러운 삼겹살에 와인과 고추장양념이 적절히 배어 나서 맛에 가볍지 않은
드라이함이 느껴지는 보르도와 함께 마시면 궁합이 잘 맞는다. 프랑스 판매 1위
의 보르도 AOC 와인으로, 오크통 숙성을 통해 만들어진 진한 향미와 부드러움
이 기름진 삼겹살과 잘 어울린다.

궁합이 맞는 와인

- 와인명 : 바롱 드 레스탁 보르도 레드 Baron de Lestac Bordeaux Red
- 와인 타입 : 레드　● 원산지 : 프랑스　● 빈티지 : 2007

닭고기 마늘찜

재료

닭안심 200g, 마늘 20쪽, 표고버섯 5장, 대추 5개, 당근 50g, 은행 10알, 육수 1컵

　양념장 : 간장 4큰술, 물엿 4큰술, 다진 마늘 1큰술, 다진 파 3큰술, 다진 생강 1/2큰술, 참기름 1큰술, 청주 2큰술

만들기

1. 닭 안심은 힘줄을 제거하고 곱게 다져 놓는다.
2. 마늘에 밀가루를 묻혀 1에 넣고 밤알 크기로 빚어 팬에 한번 구워 준다.
3. 표고버섯은 꼭지를 떼고 2~4등분해 놓는다. 당근은 밤알 크기로 잘라 모서리를 둥글려 놓는다. 남은 마늘도 준비해 둔다.
4. 대추를 씨를 발라 내고, 은행은 기름을 두르지 않은 팬에서 구워 놓는다.
5. 냄비에 2의 완자와 3의 채소를 넣고 양념장과 육수를 넣어 자작하게 끓인다.
6. 끓기 시작하면 은행과 대추를 넣어 윤기가 나게 졸인다.

🌿 필수지방산이 풍부한 닭고기는 값이 저렴하고 영양 균형이 잘 잡혀 있는 식재료로, 마늘을 넣어 찜 요리를 하면 마늘 향과 아주 잘 어울리는 건강식이 된다.

🌿 마늘은 항암 · 항산화 · 항균 작용을 하는데, 살균력은 날것으로 먹을 때나 완전히 익혀 먹을 때나 동일하다. 마늘은 다양한 방법으로 조리할 수 건강식품이다.

🍷 질감과 풍성한 향기 뒤에 만만치 않은 탄닌이 도사리고 있는 강하고 활기찬 맛이 닭고기 마늘 양념의 매콤하면서도 달콤한 맛과 잘 어울린다.

궁합이 맞는 와인　* 가벼운 미디엄 바디

- 와인명 : 에코도마니 피노 그라지오 델리 베네지에 Ecco Domani Pinot Grigio dello Venezie
- 와인 타입 : 화이트　● 원산지 : 이탈리아　● 빈티지 : 2005

육회

재료

쇠고기(우둔살) 200g, 마늘 1쪽, 배 1/2개, 잣1 큰술, 달걀 1개

양념 : 간장 1작은술, 설탕 1큰술, 참기름 2큰술, 다진 파 1큰술, 다진 마늘 1작은술, 소금 · 후추 · 깨소금 약간씩

겨자즙 : 연겨자 1작은술, 설탕 1큰술, 식초 1큰술, 소금 약간

만들기

1. 쇠고기는 기름과 힘줄을 말끔히 발라 내고 두께와 폭이 0.3cm가 되도록 채 썬다.(연하고 기름기가 없는 우둔살이나 홍두깨살을 사용한다.)
2. 분량의 재료를 섞어 1의 쇠고기를 양념한다.
3. 배는 껍질을 벗겨 채를 썰고, 설탕물에 잠깐 담가 변색을 방지한다.
4. 마늘을 편으로 얇게 저민다.
5. 무스링에 고기, 배, 마늘순으로 담고 링을 빼낸다.
6. 위에 달걀 노른자를 얹는다.
7. 분량의 겨자즙 재료를 만들고 곁들여 낸다.

🍷 신선한 육회는 고급 술안주로서 입 안에 생기를 돌게 해 주며 와인과도 잘 어울린다. 워싱턴 고급 메를로의 실키한 느낌의 탄닌이 부드러운 육회의 질감을 살려 주고, 육회 고유의 맛을 살려 준다.

궁합이 맞는 와인

- 와인명 : 고든 브라더스 메를로   ● 와인 타입 : 레드   ● 원산지 : 미국
- 빈티지 : 2006

돼지고기 고구마 볶음

재료

돼지고기 200g, 큰고구마 1개
  양념 : 간장 3큰술, 물엿 2큰술, 다진 파 · 다진 마늘 각 1큰술, 생강즙 1작은술, 후추 약간

만들기

1. 돼지고기와 고구마는 깍두기 모양으로 썰어 놓는다.
2. 고구마는 끓는 물에 사각거릴 정도로 데쳐 둔다.
3. 돼지고기를 분량의 양념으로 재워 둔다.
3. 달궈진 팬에 기름을 약간 두르고 고기를 먼저 볶는다.
4. 고기가 반쯤 익으면 고구마를 넣고 함께 볶아 준다.

🌿 간식으로 즐겨 먹는 고구마를 돼지고기와 함께 볶아 달달한 맛을 내보았다. 돼지고기의 느끼함은 없애고 고구마의 부드럽고 단맛이 입 안에 퍼진다.

🍷 고급 느낌과 미디움 바디의 와인이 단백한 돼지고기고구마 볶음과 잘 어울리며 스파이시한 맛이 돼지고기 특유의 잡냄새를 잡아 준다.

궁합이 맞는 와인

- 와인명 : 라 샤스 뒤 파프 꼬뜨 뒤 론 La Chasse du Pape Cote de Rhone
- 와인 타입 : 레드 ● 원산지 : 프랑스 ● 빈티지 : 2005

브로컬리 쇠고기 볶음

재료
브로컬리 1/2통, 안심 200g, 버터 2큰술, 굴소스 1큰술, 통마늘 3쪽, 홍고추 1개, 후추 · 소금 약간씩

만들기
1. 브로컬리는 작은 송이별로 잘라서 끓는 물에 소금을 약간 넣고 살짝 데 쳐서 얼음물에 담가 식혀서 체에 건져 둔다.
2. 안심은 면보로 싸서 핏물을 제거하고 먹기 좋게 한입 크기로 잘라 소금 과 후추로 밑간 해서 둔다.
3. 마늘은 편으로 썰어서 달군 팬에 버터를 두르고 볶아 향을 낸다.
4. 고기를 넣고 볶다가 분량의 양념을 넣고 볶아 준 후 브로컬리와 홍고추 는 송송 썰어 넣어 마무리한다.

🥦 브로컬리에는 비타민C가 풍부하게 함유되어 있어 면역력을 강화와, 감기 예방, 기미의 원인이 되는 멜라민 색소를 억제하는 미용 효과가 높다. 쇠고기와 브로 컬리를 함께 먹으면 씹히는 맛이 매우 좋다.

🍷 쫄깃한 육질의 맛과 브로컬리의 신선함이 어우러져 다이어트식으로 와인과 부 담 없이 즐길 수 있는 안주로 좋다. 감칠맛이 나고 엘레강스한 참나무향에 부드 러운 탄닌을 느낄 수 있는 레드 와인과 잘 어울린다.

궁합이 맞는 와인 ＊ 와인 잔을 돌려 브레딩(breathing)하면 점점 더 잘 볶은 아몬드와 커피향, 과일향이 살아난다.

- 와인명 : 미쉘 린치 리져브 메독 Michel Lynch Reserve Medoc   ● 와인 타입 : 레드
- 원산지 : 프랑스   ● 빈티지 : 2007

육류 요리

새송이버섯 고기 말이

재료

쇠고기편(3mm 두께) 200g, 새송이버섯 3개, 간장 2큰술, 다진 파 · 다진 마
늘 각 1큰술, 호두 30g, 후추 · 소금 약간씩, 새싹채소 약간

   스테이크 소스 : 버터 10g, 양파 1/2개, 다진 마늘 1큰술, 레드 와인 60ml,
설탕 · 타바스코 1큰술 · 우스터소스 3큰술, , 케첩 4큰술, 소금 · 후추 약간씩

만들기

1. 쇠고기를 간장 양념에 재운다.
2. 호두는 씹힐 만큼 굵게 다져서 팬에 구운 후 소금을 살짝 뿌려 둔다.
3. 달군 팬에 고기를 볶아서 한 김 식혀 둔다.
4. 새송이버섯은 슬라이스하여 팬에 구워 준다.
5. 4를 깔고 볶은 고기와 새싹, 호두를 넣고 말아 꼬치를 꽂아 준다.

스테이크 소스 만들기

1. 양파와 마늘은 믹서기에 곱게 갈아서 버터에 볶는다.
2. 노릇하게 익었으면 레드와인을 넣고 끓여 준다.
3. 알코올이 날아가면 나머지 소스 재료를 넣어 은근한 불에서 걸쭉해지도
   록 끓인 후, 소금과 후추로 간한다.

🍷 새송이버섯의 향과 고기의 맛이 풍부하므로 입 안이 꽉 차는 달콤한 과실향의
   와인과 함께 먹으면 훌륭한 밸런스를 이루어 세련된 느낌을 준다.

궁합이 맞는 와인   * 입 안에 감도는 느낌은 부드러우며 향이 풍부하고 적당한 산도와 탄닌감으로 부담없이 마시기에 좋다.

- 와인명 : 랑메일 밸리 플로어 Langmeil Valley Floor   ● 와인 타입 : 레드
- 원산지 : 호주   ● 빈티지 : 2006

돼지고기 보쌈

재료

통삼겹 300g, 마늘 5쪽, 된장 2큰술, 생강 1쪽, 파 1뿌리, 인스턴트 커피 1작은술, 통후추 · 계피 약간씩, 물 4컵

만들기

1. 냄비에 물을 넣고 된장 · 마늘 · 생강 · 파 · 커피 · 통후추 · 계피를 넣고 끓기 시작하면 고기를 넣어 2시간 정도 푹 끓인다.
2. 속까지 다 익게 끓였으면 고기를 건져 먹기 좋게 썰어 놓는다.
3. 김치와 함께 접시에 담는다.

유들유들한 돼지고기 보쌈에 김치를 곁들이면 술안주나 저녁식사 메인 음식으로도 훌륭하다.

기름기를 쏙 뺀 돼지고기에 김치말이를 곁들이면 누구나 좋아하는 음식이 된다. 여기에 강한 스타일의 고급 부르고뉴 삐노누아 와인과 함께 한다면 돼지고기 보쌈 맛은 더 살려 주고 적절한 와인과의 궁합이 일품이다.

궁합이 맞는 와인

- 와인명 : 루뒤몽 쥬부레 샹베르땡 Chambertin ● 와인 타입 : 레드
- 원산지 : 프랑스 ● 빈티지 : 2002

생선과 갑각류에 어울리는 와인

기름진 생선

참치, 정어리, 고등어가 여기에 해당된다. 육질과 맛이 강하며, 숯에 구우면 맛이 좋다. 강한 육질에는 꽤 강한 와인이 어울린다.

- 보졸레 빌라쥬 : 기름진 생선에 어울리는 산도를 가진 과일향이 강한 와인
- 뮈스까데 : 고등어에 특히 잘 어울린다.

훈제 생선

연하게 훈제한 연어부터 강하게 훈제한 고등어까지 훈제의 정도는 다양하다. 소수의 와인만이 강하게 훈제한 생선의 압도적인 맛을 보완할 수 있다.

- 샴페인 : 훈제 연어에 이보다 어울리는 와인은 없다.
- 삐노와 만사니야 셰리 : 강하게 훈제한 생선에 잘 어울리는 와인들이다.
- 모젤 : 품질이 뛰어난 모젤의 가볍고 상쾌한 맛은 후추로 양념한 훈제 고등어에 잘 어울린다.

민물고기

송어나 연어 등 맛이 깔끔한 민물고기는 오븐이나 석쇠에 굽거나 삶는다. 여기에는 맛좋은 화이트 와인이 어울린다.

- 샤블리 : 흙 내음이 나는 신선한 와인으로서 간단하게 요리한 송어나 연어의 맛을 돋우어 준다.
- 리슬링 : 바디가 가벼운 리슬링을 선택하여 생선의 맛을 살리도록 한다.
- 게뷔르츠트라미너 : 매콤한 맛이 여러 가지 재료를 곁들인 송어에 어울린다.

갑각류

갑각류는 그 종류가 다양하며, 요리 방법 및 서빙하는 방법에 따라 와인의 선택이 달라진다.

- 레드리오하 : 크림소스에 요리한 새우는 리오하의 진한 맛과 잘 어울린다.
- 게부르츠트라미너 : 올리브유를 발라서 석쇠에 구운 바닷가재는 과일향이 나는 스파이시한 와인이 좋다.

굴과 조개류

매우 섬세한 맛과 독특한 촉감을 갖고 있기 때문에 어울리는 와인을 선택하기 어려울 수 있다. 가벼운 화이트 와인을 선택하도록 한다.

- 샤르도네 : 나무 통으로 숙성시키지 않은 것을 선택하여 요리의 맛을 죽이지 않도록 조심한다.
- 삐노 그리 : 버터에 요리한 조개류를 서빙한다면 삐노 그리의 매콤한 맛이 잘 어울린다.

바닷물고기

대구 및 바닷물고기는 가볍게 삶은 뒤, 레몬을 짜서 맛을 이끌어 내거나 전통적인 방법인 튀김으로 내놓아도 좋다. 레몬을 너무 많이 사용하면 와인의 맛과 부딪칠 수 있으므로 조심한다.

- 샤르도네 : 오크향이 있는 샤르도네는 생선과 레몬의 맛에 어울린다.
- 화이트 부르고뉴 : 기름에 튀긴 대구는 오크향뿐만 아니라 적당한 산도가 있는 와인으로 입맛을 새로이 해 주는 것이 좋다.

전복 스테이크

재료

전복 2마리(1인당 50g), 올리브오일 15ml, 버터 20g, 발사믹식초 15ml, 바실 약간, 레몬 1/2개, 소금 1작은술, 후추 약간

만들기

1. 전복을 깨끗하게 다듬어서 칼집을 낸다.
2. 손질한 전복을 올리브오일과 버터로 팬에서 굽는다.
3. 전복을 조화롭게 담고 발사믹 소스를 졸여서 곁들인다.

🌱 전복은 사상체질을 막론하고 모든 사람에게 좋은 건강식품이다. 단백질과 미네랄 등이 풍부하여 죽이나 곰국 등을 해 먹으면 체내 흡수력이 좋아 회복이 빠르다. 이런 전복을 와인과 먹을 수 있게 스테이크로 맛을 승화시켰다.

🍸 전복의 탄력 있는 단단한 살과 유럽 왕실 샴페인의 드라이한 맛과 힘찬 기포가 잘 어우러진다.

궁합이 맞는 와인

- 와인명 : 하이드쌕 모노폴 블루탑 Heidsieck Monpole Blue Top Brut
- 와인 타입 : 스파클링 ● 원산지 : 프랑스 ● 빈티지 : NV ● 적정 온도 8~10도

미더덕 스파게티

재료

미더덕 100g, 스파게티면 80g, 우유 1/2컵, 생크림 2큰술, 파슬리찹 · 양파찹 각 1큰술, 화이트 와인 2큰술, 월계수잎 2장, 파마산치즈 1큰술, 올리브오일 · 소금 · 후추 적당량

만드는 법

1. 냄비에 물을 넣고 끓이다가 오일과 소금을 약간 넣고 스파게티를 넣어서 약 7분간 삶아 준다.
2. 냄비에 올리브유를 두르고 양파찹을 볶다가 미더덕을 넣어 볶아 준다.
3. 2에 스파게티를 넣고 우유를 넣어서 볶다가 월계수 잎을 넣고 볶은 다음 생크림과 소금, 후추로 간하여 준다.
4. 3을 그릇에 담고 파슬리찹과 파마산 치즈를 뿌려 준다.

🌱 향이 독특하고 씹히는 소리와 함께 입 안으로 번지는 맛이 일품인 미더덕은 노화 방지에 효과가 매우 좋다. 오메가3 지방산과 타우린이 심혈관계 질환을 예방하고 개선하여 피부 재생 및 생리 기능을 활성화한다. 미더덕의 항산화력은 가열 시 10% 정도 감소하지만 글리코겐 · 글루탐산 · 숙신산 등의 감칠맛 성분이 국물에 우러나오므로 국물 요리로 해 먹으면 맛과 영양까지 모두 챙길 수 있다. 이 국물과 함께 크림소스 스파게티를 만들어 먹으면 고소함과 영양가가 훌륭한 요리가 된다.

🍷 달콤한 화이트 와인과 미더덕 스파게티는 입 안에 부드럽게 감돌고 후레쉬한 맛을 느낄 수 있다.

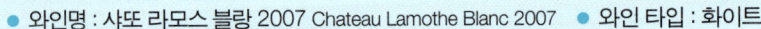

궁합이 맞는 와인

- 와인명 : 샤또 라모스 블랑 2007 Chateau Lamothe Blanc 2007   ● 와인 타입 : 화이트
- 원산지 : 프랑스   ● 빈티지 : 2007

더덕 새우 삼색 밀쌈

재료

새우 8마리, 더덕 160g, 밀가루 100g, 소금 약간, 시금치 · 백년초 즙 낼 정도
의 분량, 홍고추 1개

　겨자 소스 : 발효시킨 겨자 1큰술, 다진 마늘 1작은술, 식초 1큰술, 마요네
즈 2큰술, 설탕 · 소금 약간씩

　삼색밀쌈 : 시금치와 백년초를 각각 약간의 물과 함께 믹서에 곱게 갈아
색 물을 만들어 사용한다.

만들기

1. 달군 팬에 반죽을 한 숟가락씩 떠서 얇고 둥글게 펴 가며 뒤집으며 구워
　전병을 만들어 둔다.
2. 더덕은 돌려 가며 껍질을 벗긴 후 방망이로 두들겨서 잘게 찢어 놓는다.
3. 새우는 꼬치를 이용하여 내장을 제거한 뒤 삶아서 꼬리 부분 한 마디만
　남기고 껍질을 벗긴 후 등쪽에 칼집을 넣어 세워 준다.
4. 홍고추는 동그랗게 잘라 링을 만들어 새우 꼬리에 끼워 장식한다.
5. 구워진 밀쌈 위에 4의 새우살과 2의 더덕, 겨자 소스를 얹어 싸 먹는다.
　기호에 따라 여러 가지 채소를 추가할 수 있다.

🍷 더덕과 와인의 아카시아 꿀내음 신선한 산사 열매의 내음이 조화를 이루며, 새
　우맛과도 잘 어울린다.

궁합이 맞는 와인

- 와인명 : 가스띠쇼 산 시몬 Castillo San SIMON
- 와인 타입 : 화이트
- 원산지 : 스페인
- 적정 음료 온도 10~12도

홍합 김치 말이

재료

홍합 100g, 배추김치 1/2포기, 삼겹살 80g, 새싹채소 60g, 청주 1큰술, 생강즙 1작은술, 물 1컵, 소금 · 후추 약간씩

　고추냉이 소스 : 고추냉이 1작은술, 간장 1큰술, 설탕 1/2큰술, 식초 1큰술, 소금 1/4작은술, 홍합 국물 2큰술

만들기

1. 홍합은 수염을 떼고 깨끗한 물에 바락바락 비벼 씻는다.
2. 냄비에 물을 붓고 홍합과 청주, 생강즙을 넣은 다음 뚜껑을 덮어 10분간 끓인 뒤 홍합살을 떼어낸다.
3. 배추김치는 익은 것으로 준비해 소를 털어내고 꼭 짠 뒤 줄기를 하나씩 자른다.
4. 삼겹살은 홍합 너비로 썰어 밑간(소금, 후추)을 한 뒤 끓는 물에 청주 1큰술을 넣고 데쳐 낸다.
5. 배추김치 이파리 위에 삼겹살과 홍합을 올린 다음 돌돌 말아 이쑤시개로 고정하여 홍합 껍데기 위에 얹는다.
6. 준비한 채소를 가운데 모양내서 담고 소스를 곁들인다.

🌱 홍합은 탕국 · 홍합백숙 · 홍합장아찌 · 홍합초 등 다양하게 쓰인다. 돼지고기와 김치를 홍합과 함께 오븐에 구우면 맛 잘 어울리고 간단한 술안주로도 좋다.

🍷 김치와 홍합에 돼지고기까지 어우러진 맛에 드라이하며 다양한 개성의 맛을 느낄 수 있는 바디감의 와인과 궁합이 맞다.

궁합이 맞는 와인　　* 균형감, 짙은 탄닌이 잘 어우러진 와인

● 와인명 : 그라벨로 Gravello　● 와인 타입 : 레드　● 원산지 : 이탈리아
● 빈티지 : 2005

병어 튀김 & 가지 무침

재료

병어 1마리, 가지 1개, 풋고추 1개, 달걀 1개, 홍고추 1/2개, 청주 2큰술, 소금 · 후춧가루 약간씩, 밀가루 · 빵가루 · 식용유 적당량

　깨소스 : 통깨 1큰술, 간장 · 참기름 · 설탕 · 식초 · 레몬즙 각 1큰술, 다진 마늘 1/2큰술

만들기

1. 병어는 비늘과 내장을 제거하고 세 장 뜨기로 포를 뜬 뒤 1cm 너비로 길게 썰어 청주 · 소금 · 후춧가루로 밑간한다.
2. 1의 병어에 밀가루, 달걀물, 빵가루 순서로 옷을 입혀 160°C의 기름에 노릇하게 튀긴다.
3. 가지는 5cm 길이로 잘라 길이로 3~4등분 한 뒤 김이 오른 찜통에 쪄서 한 김 식혀 물기를 짠다.
4. 고추는 씨를 털고 굵게 다진 다음 기름을 두른 팬에 소금간을 해서 볶는다.
5. 믹서에 소스 재료를 모두 넣고 갈아 깨소스를 만든다.
6. 접시에 가지를 깔고, 병어튀김 · 가지 · 고추 · 깨소스를 넣고 가지에 싸서 먹는다.

Tip : 빵가루를 묻혀 튀김을 할 때는 분무기로 물을 약간 뿌리거나 우유2큰술 정도를 넣고 버무려 두었다가 사용하면 더 바삭하다.

병어는 가운데 큰 뼈 말고는 잔뼈가 없어 어린이나 생선을 싫어하는 사람들이 부담 없이 먹을 수 있다. 찜 · 탕 · 튀김 등 요리가 다양하며, 회는 씹을수록 쫄깃하고 달짝지근한 맛이 난다. 수분과 지방이 적어 잘 타고 눌러붙기 쉬우며 살이 퍽퍽해질 수 있으므로 튀김옷을 잘 발라 주는 것이 좋다. 가지는 기름을 잘 흡수하므로 식물성 기름을 써서 요리하면 리놀레산과 비타민E를 많이 섭취할 수 있다. 입맛을 돋워 주는 병어 튀김과 가지무침은 맛도 일품이지만 건강식 안주로도 좋다.

병어튀김과 가지무침을 산도가 좋고 체리향이 느껴지는 와인과 함께 먹으면 병어의 비릿함도 없고 가지맛과도 잘 어울린다.

궁합이 맞는 와인

● 와인명 : 산 펠리체 마렘마 레드 San Felice Maremma Red   ● 와인 타입 : 레드

● 원산지 : 이틸리아   ● 빈티지 : NA

생선 채소전 날치알 까나페

재료

반죽 재료 : 가자미살 100g, 다진 양파 · 다진 파 각1큰술, 달걀 1개, 밀가루 · 녹말 가루 각 1큰술, 소금 · 후춧가루 약간, 식용유 적당량
고명 재료 : 풋고추 1개, 오이 1/2개, 당근 1/4개, 날치알 100g
초간장 : 간장 1작은술, 식초 1큰술, 설탕 1작은술, 물 1작은술

만들기

1. 가자미살은 잘게 다진다.
2. 분량의 반죽 재료로 반죽을 만든다.
3. 식용유를 두른 팬에 한 숟가락씩 떠서 둥글게 앞뒤로 노릇하게 지져낸다.
4. 고명 재료를 채 썰어 날치알과 함께 올린다.
5. 초간장을 곁들여 먹으면 좋다.

🌱 체력과 기력을 돋워 주는 가자미살과 채소를 버무려 만든 생선채소전에 입안에 톡톡 터치는 날치알은 씹히는 맛을 더욱 즐겁게 만든다.

🍷 달콤하며 발삼향이 어우러지는 레드 와인에 술안주로 생선살 치즈 채소 완자전이 잘 어울린다.

궁합이 맞는 와인   * 달콤하며 은은한 탄닌

- 와인명 : 루손 로블레 Luzon Roble   ● 와인 타입 : 레드   ● 원산지 : 스페인
- 빈티지 : 2005

해산물 요리

북어 탕수육

재료
북어채 300g, 녹말가루 1컵, 달걀 1개, 소금 약간
　소스: 설탕 · 식초 각 1큰술, 찬물 2컵, 간장 2큰술, 물녹말 2큰술, 소금 · 식용유 약간씩, 파프리카 1개, 양파 1/2개, 당근 1/4개, 청피망 1개

만들기
1. 북어는 물에 담가 불려 씻는다.
2. 씻은 북어는 건져 놓은 뒤 녹말가루에 소금을 약간 넣고 북어채와 버무린 다음 달걀을 섞는다.
3. 170~180°C에서 튀긴다.
4. 튀긴 북어를 접시에 담고 그 위에 소스를 부어 준다.
5. 소스는 냄비에 물을 넣고 설탕, 간장, 소금을 넣고 간을 맞춘다.
6. 채소는 한입 크기로 잘라 한소끔 끓인 뒤 준비된 채소들을 넣고 물녹말을 넣어 농도를 맞춘다.

🌿 말린 북어의 질긴 육질 때문에 부드러운 식품을 선호하는 아이들로부터 곧잘 외면 받는 생선이 됐지만 그 효과를 생각하면 가끔은 반드시 먹어야 할 건강 찬 거리이다.

Tip : 두 번 튀기면 바삭하게 먹을 수 있다.

궁합이 맞는 와인 ＊ 달콤한 과실향과 탄닌이 훌륭한 밸런스를 이룬다.

● 와인명 : 쓰리가든즈 Three Gardens　● 와인 타입 : 레드　● 원산지 : 호주
● 빈티지 : 2006

무즙 삼치 겨자 구이

재료
삼치 1마리, 무 1/6개, 실파 50g, 소금 · 후추 약간씩
  겨자초장 : 연겨자 3큰술, 설탕 2큰술, 간장 · 맛술 1큰술씩, 물엿 · 마늘 · 참기름 · 후추가루 약간씩

만들기
1. 삼치는 내장을 제거하고 포를 떠서 껍질 쪽에 칼집을 넣는다.
2. 손질한 삼치에 후추, 소금을 조금 뿌려 놓는다.
3. 무는 강판에 갈아서 즙을 약간 짜서 건지를 준비해 놓는다.
4. 겨자초장을 만든다.
5. 소금 뿌린 삼치를 씻어 물기를 제거하고 석쇠에 올려 굽는다. 석쇠에 들러붙지 않도록 석쇠에 올리브오일을 약간 바르거나 불 조절을 잘해야 한다.
6. 5의 삼치가 반쯤 익으면 겨자초장을 발라 가며 굽고 색과 맛이 배면 접시에 담아 3의 무건지를 얹어 먹는다.

🌱 삼치의 DHA는 치매 · 고혈압 · 심장마비 예방 및 학습 증진 효과가 있으며, 비타민A는 감기 예방과 야맹증 개선 효과가 있다. 영양 가득한 삼치를 상큼한 무즙과 톡 쏘는 겨자를 섞어 만든 소스에 구워 줌으로써 비린내는 사라지고 고소함이 입 안 가득 느껴진다.

🍷 바닐라의 향긋한 내음, 갓 구운 빵의 고소한 향, 농익은 과일 냄새 가득한 화이트 와인에 삼치 무즙 삼치 겨자구이를 안주로 한다면 아주 좋을 것이다.

궁합이 맞는 와인

- 와인명 : 바롱 필립 쇼비뇽 블랑 Baron Philippe Sauvignon Blanc
- 와인 타입 : 화이트 ● 원산지 : 프랑스 ● 빈티지 : 2006

생굴 & 유자청 소스

재료
생굴 2봉지

　소스 : 유자청 · 물 각 1큰술, 식초 1/2작은술, 간장 1/3작은술, 소금 약간

만들기
1. 굴은 옅은 소금물에 깨끗이 씻어 체에 받쳐 물기를 뺀다.
2. 분량의 재료를 모두 섞어 소스를 만들어 둔다.
3. 유자청은 유자를 깨끗이 씻어서 썰어 놓은 후 꿀에 재워 둔다.
4. 싱싱한 굴을 얼음 위에 올리고 소스에 찍어 먹는다.

'바다의 우유' 라 불리는 굴은 헤모글로빈 합성을 도와 빈혈을 예방하고 성장을 촉진하며, 노화를 지연하는 역할을 한다. 굴은 진한 식염수나 무 간 것으로 점 물질을 씻어 내면 깨끗해진다. 어리굴젓을 비롯하여, 굴전골 · 굴두부 · 굴밥 · 굴튀김 · 굴구이 · 버터구이 등의 음식이 있다. 단, 가열을 오래하면 살이 단단 해지고 풍미가 날아가므로 주의한다.

샤블리는 보루고뉴의 다른 지역과 달리 '킴메리지앙' 이라는 토양으로 돼 있는 데 주성분이 진흙 · 석회석 · 백악질 그리고 화석화된 굴 껍질로 이루어져 있다. 이 토양은 굴 껍질의 아로마를 간직한 특유의 미네랄 향을 담아냈고, 여기서 자 란 포도로 만든 샤블리가 굴과 환상적인 궁합을 만든다. 이 같은 궁합을 전문가 들은 '마리아주' 라고 부른다.

Tip : 깻잎에 미역 을 깔고 생굴을 올 리고 무순, 김 순으 로 올려 보기 좋게 담아 소스를 흘리듯 이 뿌려 담아도 식 욕을 자극하기 충분 하다.

궁합이 맞는 와인

- 와인명 : 샤블리　● 와인 타입 : 화이트　● 원산지 : 프랑스
- 빈티지 : 2007

쑥 해물 튀김

재료

쑥 100g, 오징어 1마리, 양파 1개, 홍고추 1개, 밀가루 1컵, 물 1/2컵, 소금 1 작은술

   초간장 : 간장 1큰술, 물 1큰술, 설탕 · 식초 각 1/2큰술, 소금 1/4작은술

만들기

1. 쑥은 흐르는 물에 깨끗이 씻어 건져 둔다.
2. 오징어는 내장을 제거한 후 껍질을 벗기고 3cm 길이로 채 썬다.
3. 양파와 홍고추는 4cm 길이로 채 썬다.
4. 밀가루에 물과 소금을 넣어 반죽한 후, 1의 쑥과 2의 오징어, 3의 채소를 고루 섞어 준다.
5. 170°C의 튀김 기름에 4를 적당량씩 떼어 넣어 노릇하게 튀긴다.
6. 초간장을 곁들여 낸다.

🌱 쑥은 맛은 쓰고 성질은 따뜻하며, 비경 · 간경 · 신경에 작용한다. 정혈 · 해독 · 강장 · 강정 · 소염 · 진통 · 이뇨 · 지혈 효능이 있다. 여기에 싱싱한 해물을 같이 튀겨 맛을 낸 요리로, 와인과 함께 하면 안주로 아주 좋다.

🍷 바삭한 쑥 해물튀김과 헤이즐넛 향이 인상적인 샤도네이 특유의 신선함이 입안에서 즐거움을 준다. 지인들과 함께 하는 격의 없는 파티에 식전 음식과 식전 술로 잘 어울린다.

궁합이 맞는 와인

- 와인명 : 홉노브 샤도네이 HobNob Chardonnay
- 와인 타입 : 화이트
- 원산지 : 프랑스
- 빈티지 : 2006

해산물 요리

굴 튀김

재료

생굴 200g, 밀가루 1컵, 물 1/3컵, 달걀 1개, 소금 · 후추 약간, 레몬즙 1큰술
  초간장 : 간장 1작은술, 식초 1큰술, 설탕 1작은술, 물 1작은술

만들기

1. 생굴은 소금물에 깨끗이 씻어 물기를 뺀 뒤 레몬즙과 후추로 살짝 간한다.
2. 밀가루에 레몬즙과 달걀, 소금을 넣어 반죽을 만든다. 이때 반죽에 얼음을 넣으면 튀김이 더욱 바삭바삭해진다.
3. 180℃ 온도의 기름에 바삭하게 튀겨 준다.
4. 초간장을 곁들여 낸다.

굴에는 단백질과 철분이 많이 들어 있어 식은땀을 흘리는 허약 체질에 효과가 있다. 굴튀김 요리 시 튀김옷 반죽에 레몬즙을 사용하면 효과적이다. 무기질과 비타민도 풍부한데다 소화 흡수성이 좋아 병 후 회복기인 사람, 발육기 어린이, 임산부, 노인에 이르기까지 자양 식품으로 권장된다. 굴을 먹을 때 초고추장에 찍어 먹는 것도 레몬즙과 비슷한 효과를 거둘 수 있다.

영양 만점 굴을 튀겨서 와인과 함께 안주로도 일품이다. 하얀 과일류와 건포도 향으로 시작하여, 바닐라, 마지막으로 브리오슈(버터 · 달걀 · 효모로 만든 카스텔라 비슷한 빵)향이 느껴지며 다양한 포도 품종 자체에서 우러나오는 과일향의 샴페인과 어울리는 요리이다.

궁합이 맞는 와인

- 와인명 : 데스코 프르미에 크뤼부릿   - 와인 타입 : 스파클링   - 원산지 : 프랑스
- 빈티지 : 2005

연어 무 초절이 & 양파 와인 소스

재료
훈제연어 16쪽, 무절이 16쪽, 무순 1팩
  무절임 : 설탕 2큰술, 식초 · 물 1/4컵씩, 소금 1작은술
  양파 와인 소스 : 양파 1/2개, 레드 와인 1/2컵, 레몬즙 · 식초 각 2큰술,
소금 1작은술

만들기
1. 무는(5cm×12cm×0.2cm) 크기로 얇게 썰어서, 설탕 · 식초 · 물 · 소금물
   에 30분 정도 절였다가 건져 둔다.
2. 무순 밑단을 약간 잘라 다듬어 놓는다.
3. 절인 무에 훈제 연어를 놓고, 무순을 얹어 돌돌 말아 놓는다.
4. 양파 슬라이스를 중불에서 투명하게 볶은 후 레드 와인을 넣어 졸아들면
   레몬즙과 식초, 소금을 넣는다.
5. 접시에 연어 무초절이를 담고 양파 와인 소스를 곁들여 낸다.

연어는 장기간 섭취하면 지친 피부 세포를 치료한다. 보습 효과가 뛰어나기 때
문에 건조한 피부를 촉촉한 아기 피부처럼 만들어 주는 효과도 있다. 연어와 시
큼하면서도 입맛을 당기게 하는 무초절임과 깨소스를 함께 먹으면 아주 누구나
즐길 수 있는 요리가 될 것이다.

신선한 과일향과 입 안에 청량감을 더해 주는 미네랄 성분의 향미를 지닌 화이트
와인이 약간은 기름진 연어 요리에 새콤함을 주는 초절이의 산뜻함을 더해 준다.

궁합이 맞는 와인

- 와인명 : 란쵸 자바코 댄싱불 소비뇽 블랑 Rancho Zabaco Dancing Bull Sauvignon
- 와인 타입 : 화이트 ● 원산지 : 미국 ● 빈티지 : 2005

새우구이와 고추장 소스

재료
대하 10마리, 굵은 소금 1컵
 소스 : 고추장 1큰술, 레몬 · 설탕 · 고추냉이 각 1/2작은술, 식초 1/2큰술

만들기
1. 꼬치에 새우를 끼워 준다.
2. 팬에 소금을 깔고 꼬치 새우를 올린다.
3. 뚜껑을 덮고 새우가 색이 변하면 한번 뒤집어 구워 준다.
4. 고추장 소스를 곁들여 낸다.

'바다의 노인'이라 불리는 새우만큼 여러 나라에서 사랑받는 수산물도 드물다. 나라마다 새우의 맛과 모양을 잘 살린 음식이 다양하게 발달하였다. 우리나라에서 대하찜 · 대하구이 · 새우산적 등을 많이 만들고, 일본에서는 튀김으로, 중국에서는 튀기거나 매운 소스로 버무린 깐풍기로, 서양에서는 빵가루를 묻힌 튀김으로 즐겨 먹는다. 세계 각지에서 새우는 늘 사랑을 받는 요리임이 틀림없다.

새우 맛을 제대로 느낄 수 있는 새우구이에 화이트 와인을 함께 마신다면 깔끔하면서 고급스러운 상차림이 될 것이다.

궁합이 맞는 와인

- 와인명 : 빌라엠 Villa M ● 와인 타입 : 화이트 ● 원산지 : 이탈리아
- 빈티지 : 2007

도미 소금 구이

재료

도미 1마리, 굵은소금 2컵, 레몬 1개, 화이트 와인 2큰술
　레몬 소스 : 레몬즙·물 각 2큰술, 설탕 1/2큰술, 간장 1작은술

만들기

1. 도미는 비늘과 지느러미를 제거하고 깨끗이 손질하여 와인을 뿌려 둔다.
2. 은박지 위에 소금을 깔고 그 위에 손질한 도미를 올리고 소금으로 한 번 더 감싸 준다.
3. 200°C 오븐에서 20분간 구워 준다.
4. 분량의 재료를 섞어 레몬 소스를 준비해 둔다.
5. 레몬과 곁들여서 접시에 담는다.

🌿 도미는 일본에서 '썩어도 도미' 라는 말이 생길 만큼 생선 중에서 최고로 치는 식품의 하나다. 도미의 눈에는 비타민B1이 풍부해서 예부터 강정식으로 알려져 있다. 도미의 껍질에는 비타민B2가 많으므로 되도록 버리지 말고 먹는 것이 좋다. 이렇듯 도미는 맛이 담백하고 기름기가 적어 소화성이 좋다. 그래서 병후 회복기의 식이요법에 쓰이고 있다. 레몬향과 더불어 소금구이를 즐긴다면 비릿함은 사라지고 향긋하고 고소한 도미소금구이를 즐길 수 있다.

🍷 고급 음식인 도미는 생선류의 부드러움과 스위트함이 고급 부르고뉴 화이트 와인과 어울린다. 진한 과일향과 무게감을 주는 화이트 와인을 10도 정도로 약간 차게 해서 마시면 아주 좋다.

궁합이 맞는 와인　　＊ 오크 향이 느껴지고 유연감과 상당히 육감적인 풀 바디

● 와인명 : 루뒤몽 뫼르소 Lou Dumont Meursault　● 와인 타입 : 화이트
● 원산지 : 프랑스　● 빈티지 : 2006

너비아니 구이

재료

쇠고기(등심) 600g, 로즈메리향 아보카도 오일 적당량, 잣가루 1작은술, 소금 · 후춧가루 약간

　양념장 : 간장 2큰술, 꿀 1큰술, 맛술 1큰술, 다진 마늘 1큰술, 통깨 1작은술, 참기름 1/2작은술

만들기

1. 쇠고기는 고기 망치로 자근자근 두드려 육질을 연하게 만든다.
2. 널찍한 접시에 고기를 담고 로즈메리향 아보카도 오일을 듬뿍 뿌린다. 오일이 고기에 잘 스며들도록 손으로 두드린 후 소금과 후춧가루로 밑간을 한다.
3. 볼에 분량의 양념장 재료를 넣고 잘 섞는다.
4. 그릴 팬에 쿠킹호일을 깔고 2의 쇠고기를 담은 후 3의 양념장을 발라서 굽는다. 굽는 도중에도 간이 배도록 양념장을 발라 가며 윤기 나게 굽는다.
5. 고기를 썰어 접시에 담고 잣가루를 뿌린다.

🍴 우리나라 궁중음식의 대표인 너비아니는 고소하고 연한 육질의 담백한 맛을 느낄 수 있는 고급 요리다.

🍷 달콤한 너비아니구이와 목 넘김에서 오는 각렬함 이후에 은은하게 피어오르는 느낌의 과일향과 어우러지는 와인이 잘 어울린다.

궁합이 맞는 와인　＊ 부드러운 탄닌과 잘 어울린다

- 와인명 : 스텔라 어리어 Stella Aurea　● 와인 타입 : 레드　● 원산지 : 칠레
- 빈티지 : 2003

와인 소스를 바른 닭구이

재료

닭 1마리

　와인 소스 : 와인 2컵, 마늘 1큰술, 소금 · 후추 약간, 레몬 1/2개

만들기

1. 와인소스를 분량의 재료를 넣고 반 정도 졸여 준다.
2. 닭은 깨끗이 씻어 손질해 놓는다.
3. 닭에 와인 소스를 한 번 입혀 190℃ 오븐에 20분간 구워 준다.
4. 한번 구워진 닭을 꺼내어 와인 소스를 다시 한 번 발라 준 뒤 20분간 구워 준다.
5. 진한 맛을 느끼고 싶다면 와인 소스를 중간 중간 여러 번 발라 준다.
6. 레몬즙을 곁들이면 한결 깔끔한 맛을 느낄 수 있다.

> 와인은 비린내를 없애 주고 맛을 좋게 하며 소화도 돕는 작용이 있다. 와인에 대중적 인기를 끌고 있는 닭고기 요리를 접목한 와인 소스를 바른 닭구이는 독창적 메뉴로 와인과 닭고기 각각의 효능을 그대로 살려냈다.

> 가족모임이나 파티 분위기를 내고 싶다면 이런 음식 한가지와 와인만 있다면 멋진 분위기가 연출될 듯하다. 와인 소스의 강한 향과 맛을 무겁지 않은 탄닌으로 잘 융화시켜 음식과 밸런스를 향상시키면 아주 좋다.

궁합이 맞는 와인

- 와인명 : 발디비에소 싱글 빈야드 메를로 리저브 Valdivieso Single Vineyard Merlot Reserv
- 와인 타입 : 레드　● 원산지 : 칠레　● 빈티지 : 2007

베이컨 깻잎말이 구이

재료
베이컨 5장, 깻잎 10장, 당근 1/4개, 도라지 1뿌리, 고추장 1/2큰술, 설탕 1/2작은술, 마늘, 후추 약간

만들기
1. 당근 도라지는 채 썰어 준비한다.
2. 고추장, 설탕, 마늘, 후추를 넣고 양념장을 만든다.
3. 베이컨을 깔고 양념장을 솔로 한번 발라 준 다음 깻잎을 깔고 채 썬 당근과 도라지를 넣고 돌돌 말아 준다.
4. 170°C 오븐에서 5분간 구워 준다.

🌱 육류의 누린내와 생선의 비린내를 제거해 주어 쌈으로 많이 먹는 상추와 함께 쌈의 대명사로 불린다. 향긋한 나물 반찬이나 장아찌, 깻잎김치 등의 밑반찬으로 먹기도 하고, 무침이나 탕 등에 향신료로 사용하기도 한다. 깻잎의 특유한 향을 내는 것은 바로 정유 성분Perill ket on으로 방부제 역할을 한다. 깻잎은 비타민C가 다량 함유해 '식탁 위의 명약'으로 꼽히는데, 비타민C의 소비량이 큰 흡연자나 스트레스를 많이 받을 때 섭취하면 좋다.

🍷 베이컨과 향을 지닌 깻잎요리는 진한 향과 무게감이 있는 와인이 어울린다.

궁합이 맞는 와인
- 와인명 : 몬테비나 떼라도로 디버랜치 Montevina Terra d'Oro
- 와인 타입 : 레드 ● 원산지 : 미국

토마토 오징어찜

재료

오징어 1마리, 방울토마토 5개, 양파 1/2개, 월계수잎 2장, 마늘 2쪽, 토마토케첩 1큰술 반, 우스터드소스 1큰술, 화이트 와인 1/3컵, 송송 썬 쪽파 1큰술, 올리브유 1큰술, 후추 · 파슬리 가루 약간씩

만들기

1. 오징어는 내장을 빼고 깨끗이 씻어서 몸통에 칼집을 넣는다.
2. 토마토는 잘게 자르고, 마늘은 잘게 다져 둔다.
3. 올리브유를 두른 팬을 달궈 양파와 마늘을 먼저 볶는다.
4. 토마토와 월계수 잎을 넣고 30초간 더 볶은 후 케첩과 화이트 와인을 넣고 고루 저어 준다.
5. 손질한 오징어를 넣고 소스와 볶아 준다.
6. 오징어가 통통하게 익으면 접시에 담는다.

🌿 오징어는 혈액 순환 작용을 원활히 하며, 심장 질환 예방 효과가 있고, 간장의 해독 기능을 강화한다. 토마토에는 비타민과 무기질이 함유되어 있어 피부를 깨끗하게 만드는 효능이 있다.

🍷 매콤한 요리로 이용되는 오징어를 토마토소스로 맛을 냈다. 오징어 특유의 맛은 무게감과 신선한 향을 지닌 신대륙의 호주 와인과 잘 어울린다. 토마토소스의 달콤함에 시원한 화이트 와인이 쫄깃한 오징어찜 안주가 잘 어울린다.

궁합이 맞는 와인 ＊ 열대 과일과 향신료 향이 맛으로 이어지는 스타일리쉬힐 와인

● 와인명 : 리틀 펭귄 샤도네이 Little Penguin Chardonnay ● 와인 타입 : 화이트
● 원산지 : 호주 ● 빈티지 : 2007

장어 구이

재료
장어 1kg, 마늘채 20g, 생강채 20g
  양념장 : 생강즙 1/2작은술, 마늘즙 1큰술, 양파즙 3큰술, 청주 1큰술, 후 춧가루 · 소금 · 참기름 약간, 구이 간장 2큰술

만들기
1. 장어는 손질해 둔 것을 구입해 칼날로 껍질 쪽에 미끈거리는 것을 긁어 내고 키친타월로 물기와 핏물을 닦아 낸다.
2. 손질한 장어에 양념장을 넣어 30분 정도 재운다.
3. 재운 장어를 팬이나 석쇠를 이용하여 반만 익을 정도로 애벌구이한다.
4. 팬이나 석쇠를 이용하여 다시 한 번 구이 양념장을 발라 가며 굽는다.
5. 구운 장어를 마늘채, 생강채를 곁들여 먹는다.

🍳 장어로 만든 음식은 양질의 단백질과 지방을 갖추고 있어 자양강장에 좋은 스태미나식이다. 또한 장어는 비타민A와 비타민E 등이 풍부하여, 발육 증진 · 시력 회복 · 항암 효과 · 노화 방지 · 생리 활성 · 모세혈관 강화 · 피부 미용 등의 효과가 뛰어나다.

🍷 장어는 소스를 어떻게 하느냐에 따라 맛이 변화무쌍하며, 향이 강하고 약하기도 하다. 와인과 조화를 이루려면 향은 강하면서 바디는 중간 정도이며 입 안에서 느껴지는 개운한 청량감과 크리스피한 산도가 식욕을 돋우기 때문에 특유의 기름기를 제거하는 역할로서 맛이 어울린다.

궁합이 맞는 와인 * 붉은 과일, 강렬한 꽃의 향이 좋은 와인이다

- 와인명 : 발디 비에소 말백 Valdivies Malbec ● 와인 타입 : 레드
- 원산지 : 칠레 ● 빈티지 : 2008

고추장 넣은 홍합찜

재료

홍합 450g, 고추장 2큰술, 생강즙 1/2작은술, 식용유 1큰술, 녹말물 3큰술, 청양고추 3개, 고춧가루 2큰술, 다진 마늘 1큰술, 설탕 1/2큰술, 굴소스 1큰술, 소금 약간

만들기

1. 홍합은 수염을 떼어 내고 깨끗이 씻는다.
2. 씻은 뒤 끓는 물에 3~5분간 끓인 뒤 홍합은 건지고 국물은 따로 둔다.
3. 청양고추를 잘게 썰어 나머지 재료와 고루 섞어 양념장을 만든다.
4. 팬에 양념장을 볶다가 1의 국물을 끓인 뒤 소금으로 간을 한다.
5. 4의 양념장에 홍합을 넣고 한번 뒤적여 담아 낸다.

🌿 홍합에는 셀레늄과 요오드 등 미네랄 성분이 풍부해 피부 미용에 좋고, 칼슘의 흡수를 높여 주는 프로비타민D의 함량이 높아 갱년기 여성의 골다공증 예방에도 효과적이다. 또한 철분 함유량도 굴의 두 배, 전복의 세배나 되어 대표적인 여성 질환인 빈혈을 예방하는 데 도움이 된다. 홍합은 시원한 탕으로도 많이 끓이지만 와인과 어울리는 매콤한 찜을 만들어도 좋다.

🍷 에피타이저로 인기가 높은 홍합찜을 매콤한 고추장을 넣어 진한 술안주로 어울리게 만들었다. 신선하고 깔끔한 화이트 와인과 근사한 만찬의 시작으로 손색이 없는 음식과 와인이다.

궁합이 맞는 와인   * 가벼운 식사 중 아무때나 서빙으로 어울림

● 와인명 : 카바브뤽 Mvsa Cava ● 와인 타입 : 스파클링 ● 원산지 : 스페인

단호박 해물찜

재료

단호박 1통, 새우 3마리, 홍합 2개, 오징어 1/3마리, 피망 1/3개, 양파 1/3개, 캔옥수수 1큰술, 브로컬리 1/4개, 새송이버섯 1/2개, 피자치즈 2큰술
　양념 : 고추장 2큰술, 고춧가루 1큰술, 케첩 1큰술, 다진 마늘 1/2큰술, 설탕 1큰술, 참기름 1/2큰술, 진간장 1/2큰술

만들기

1. 단호박은 속을 파내고 전자레인지에 8분 정도 쪄 낸다.
2. 해물과 떡을 끓는 물에 데친 다음 양념과 함께 볶는다.
3. 속을 파낸 호박에 볶은 해물을 넣고 치즈를 뿌린다.
4. 200℃ 오븐에서 15분 치즈를 녹인 다음 꺼내서 칼로 자르면 꽃 모양이 된다.

🌱 단호박은 맛과 영양이 뛰어난 고급 채소로, 탄수화물, 섬유질, 각종 비타민과 미네랄이 듬뿍 들어 있어 성장기 어린이와 허약 체질에 좋은 영양식이다. 짙은 녹색의 껍질을 벗겨 내면 샛노란 속이 나오는데 맛이 달다. 이처럼 맛이 단호박은 비장의 기능을 돕는 채소로 손꼽힌다.

🍸 달콤한 단호박 속에 해물과 치즈 맛이 쌉싸름하고 부드러우며 짙은 와인과 잘 어울린다. 풍부하고 꽉 짜인 질감은 알맞은 산도와 근사하게 어울리는 화이트 와인과 함께 먹는다면 경쾌한 맛을 오래도록 입 안에 느낄 수 있을 것이다.

궁합이 맞는 와인

● 와인명 : 트린체로 나파리저브 비스타몬트 샤도이네　● 와인 타입 : 화이트
● 원산지 : 미국　● 빈티지 : 2005

구이 · 찜

가자미 구이

재료

가자미 1마리, 소금 · 후추 약간, 올리브유 2큰술, 허브 가루 적당량
　단호박 소스 : 으깬 단호박 3큰술, 허니머스타드 1큰술, 마요네즈 1큰술,
소금 약간

만드는 법

1. 신선한 가자미를 깨끗이 씻고 물기를 없앤 후에 껍질에 칼집을 내어 올
　리브유 · 소금 · 후추를 솔솔 뿌리며 간을 해 준다.
2. 구이 전용 팬에 올리브유를 적당히 두르고 나서 가자미를 놓고 허브 가
　루를 뿌려 구워 준다.
3. 구운 가자미 위에 단호박 소스를 얹는다.

🌿 흰살생선 중에 맛있다고 소문난 가자미는 바다의 자양강장제이다. 가자미의 지
느러미에는 단백질의 일종인 콜라겐이 들어 있는데 이것이 세포를 단단하게 결
합시키는 역할을 하기 때문에 피부 미용에도 좋은 효과를 발휘한다. 그냥 튀기
거나 밀가루를 발라 튀기는 등 기름을 이용해서 요리하면 좋으며, 고아서 먹으
면 콜라겐이 손실되지 않아 더욱 효과적이다.

🍷 가자미 구이의 담백한 맛과 시큼하고 달달한 중간적인 바디를 느끼게 해 주는
와인과 함께 한다면 아주 좋다.

궁합이 맞는 와인　　＊ 신선한 과일 향이 난다

- ● 와인명 : 오테 드 시라스 Oter de Cillas　● 와인 타입 : 화이트　● 원산지 : 스페인
- ● 빈티지 : 2006

허브 버터를 얹은 홍합 치즈 구이

재료
홍합 16~20개, 버터 60g, 빵가루 60g, 다진 마늘 1/2큰술, 소금 1/2작은술,
후춧가루 약간, 피자치즈 2큰술, 딜 · 파슬리 취향대로

만드는 법
1. 홍합은 깨끗이 씻어 물기를 빼 준비한다.
2. 버터는 상온에 두어 부드러운 상태로 준비한다.
3. 딜과 파슬리는 잘게 썰어 준비한다.
4. 버터 · 빵가루 · 마늘 · 소금 · 후춧가루 · 허브를 넣고 잘 섞어 허브 버터
   를 만든다.
5. 홍합에 허브 버터를 팬에 올리고 피자치즈를 뿌린다.
6. 180°C에서 10분 정도 구워 완성한다.

🌿 포장마차에서 레스토랑까지 주문 1순위가 홍합 요리라고 한다. 홍합은 국물이
   있는 요리나 와인 찜, 매운 소스 볶음, 또는 토마토 소스나 크림소스로 파스타
   에 이용한 요리 그리고 구이 등이 있다. 요리하면서 데코하면 푸짐해 보이고 멋
   도 낼 수 있어 손님 초대 요리로 한몫한다.

🍸 허브버터의 고소한 홍합구이를 드라이하고 섬세한 화이트 와인과 같이 먹으면
   간단한 안주로 잘 어울리며 신선하며 가벼운 질감이 경쾌하게 만든다.

궁합이 맞는 와인   * 드라이한 와인으로 섬세한 질감이 경쾌하다

● 와인명 : 데찌니 가비   ● 와인 타입 : 화이트   ● 원산지 : 이탈리아
● 빈티지 : 2007

가지 표고버섯 구이

재료

가지 1개, 표고버섯 4개, 참기름 1큰술, 간장 1작은술, 다진 파 · 다진 마늘 각 1큰술

　양념 : 간장 2작은술, 설탕 · 물엿 각 1작은술

만들기

1. 가지는 깨끗하게 씻어 0.5cm두께로 썬다.
2. 표고버섯을 납작하게 썰어 참기름 · 간장 · 설탕을 넣고 볶아 준다.
3. 분량의 재료를 섞어 양념장을 만든다.
4. 프라이팬에 참기름을 약간 두르고 가지에 양념장을 발라 구워 준다.
5. 가지와 표고버섯이 지나치게 익지 않도록 살짝 조리한다.

🍄 표고버섯은 혈액 속의 콜레스테롤을 감소시켜 혈액 순환을 도와 혈압 강하 · 동맥경화 · 심장병 등의 예방과 치료에 도움을 준다. 가지는 윤기가 흐르고 보라색이 입맛을 돋구어 주는 여름 채소로, 주성분은 당질이며, 칼슘 · 철분 등의 무기질과 비타민A · B · C 등은 아주 적게 들어 있어 영양가는 높은 식품은 아니다. 그러나 조직이 스펀지 상태여서 기름을 잘 흡수하므로 식물성 기름을 써서 요리를 하면 불포화지방산과 비타민E를 많이 섭취할 수 있다.

🍷 건강식으로도 좋은 가지와 표고버섯을 간단하면서도 스타일링하게 만들었다. 레드 와인과 함께 즐기면 더더욱 분위기 있는 안주가 될 듯하다.

궁합이 맞는 와인　＊ 부드러운 탄닌과 잘 정제된 구조를 가지고 있어 밸런스가 좋은 와인

● 와인명 : 꾸벨리에로스안데스그랑뱅 Cuvelier Los Andes Grand Vin

● 와인 타입 : 레드 　● 원산지 : 아르헨티나 　● 빈티지 : 2006

노가리 양념 치즈 구이

재료

노가리 10마리, 피자치즈 50g, 파슬리가루 약간, 옥수수콘 1큰술, 핫소스 1
큰술, 깨소금 적당량, 맛간장 1/2작은술, 참기름 · 다진 마늘 각 1작은술
  양념 : 고추장 2큰술, 고춧가루 1큰술

만들기

1. 노가리는 물에 불린 다음 배 쪽을 가위질해 가운데 뼈를 발라낸다.
2. 양념장을 만들어 노가리를 넣고 버무린 뒤 간이 고루 배도록 1시간 정도
   둔다.
3. 핫소스와 옥수수콘을 넣어 골고루 섞어 노가리 위에 얹은 후 오븐 접시
   에 담아 위에 피자치즈와 파슬리가루를 뿌린 다음 180℃ 오븐에서 15분
   정도 굽는다.

🌱 노가리 구이는 칼로리도 비교적 낮은 편이며 지방보다는 단백질이 많은 음식이
라 몸에 좋다. 노가리의 단백질은 완전 단백질로 성장과 생식에 필요한 필수아
미노산이 풍부하다. 질 좋은 비타민 A와 나이아신이 풍부하여 우리 인체의 피
부와 점막이 없어서는 안 될 식품으로 특히 레티놀은 고운 피부 및 주름 방지에
탁월하며 숙취 해소와 간장 해독 노폐물 제거에 좋다.

🍷 맥주 안주로 즐겨먹는 노가리를 치즈와 함께 오븐에 구워 고소한 맛을 더했다.

궁합이 맞는 와인

- 와인명 : 트라픽체 말벡 Trapiche Malbec　● 와인 타입 : 레드
- 원산지 : 아르헨티나　● 빈티지 : 2005

바지락 된장찌개

재료

바지락 150g, 국물용 멸치 5마리, 두부 1/2모, 애호박 1/2개, 풋고추 1개, 대파 1/3뿌리, 쌀뜨물 3컵

양념 : 된장 3큰술, 고춧가루 1/2큰술, 다진 마늘 1큰술, 소금 · 국간장 적당량

만들기

1. 바지락은 소금물에 담가 해감을 토한 후 흐르는 물에 깨끗이 씻고, 멸치는 깨끗이 손질한다.
2. 두부와 애호박은 사방 1.5cm 크기로 썬다. 고추는 송송 썰고 대파는 어슷 썬다.
3. 냄비에 멸치를 넣고 살짝 볶은 후 쌀뜨물과 분량의 양념을 넣고 끓인 다음 바지락 · 두부 · 애호박을 넣고 끓인다.
4. 3이 끓으면 마지막으로 고추와 대파를 넣고 자작하게 끓여 낸다.

🌿 최고의 건강식품으로 인정받는 콩은 된장의 주원료로서, 양질의 식물성 단백질이 다량 함유되어 있으며 콜레스테롤이 체내에 축적되는 것을 막고 혈액의 흐름을 원활하게 해 준다. 된장은 음식의 간을 맞춰 줄뿐만 아니라 우리 눈에 보이지 않는 유익한 균과, 효모가 풍부하게 함유되어 있다.

🍷 된장찌개는 발효한 콩의 구수함과 짠맛이 치즈와 같아서, 강한 효모의 맛과 염도에 눌리지 않는 개성 강한 와인이 어울린다. 메를로를 주 품종으로 하는 쌩떼밀리옹의 깊은 흙냄새와 한국 전통 발효 음식인 된장의 맛이 서로의 맛을 돋구어 준다.

궁합이 맞는 와인   * 감미롭고 부드러우면서 풀바디한 맛의 와인

- 와인명 : 슈로데 쌩떼밀리옹 Shroder Saint Emilion   ● 와인 타입 : 레드
- 원산지 : 프랑스   ● 빈티지 : 2005

찌개 · 탕

연두부 해물탕

재료

연두부 1모, 다시마 멸치국물 1.5컵, 홍합 5개, 새우 2마리, 수삼 1개, 쭈꾸미 2마리, 미더덕 5개, 모시조개 5개, 소금 1작은술, 마늘 1/2작은술, 대파약간

만들기

1. 2컵 정도의 물에 다시마와 멸치를 넣고 끓인 다음 체에 걸러 다시마 멸치국물을 만든다.
2. 육수를 냄비에 넣고 끓기 시작하면 준비된 해물을 넣어 준다.
3. 마지막에 연두부 · 파 · 마늘을 넣고 소금으로 간을 맞춘다.

🍷 해물의 시원함과 연두부의 부드러움이 잘 어울리는 탕이다. 드라이하며 우아한 화이트 와인으로 해물탕의 비릿하고 텁텁한 끝맛을 새콤하게 마무리해 주며 오래도록 입안을 상큼하게 유지시켜 준다.

궁합이 맞는 와인　＊ 오크 향의 복합적인 맛과 둥근 피니시가 느껴지는, 여운이 긴 와인

● 와인명 : 앙고브 롱로우 샤도네이 Angove Long Row Chardonnay
● 와인 타입 : 화이트　● 원산지 : 호주　● 빈티지 : 2007

두부 브로컬리탕

재료
두부 1/2모, 브로컬리 60g, 마른 붉은고추 1개, 국물멸치 10마리, 물 5컵, 국간장 1큰술, 청주 1/2작은술, 소금 약간

만들기
1. 두부는 엄지손톱만 한 크기로 네모지게 썰고, 브로컬리는 작은 송이로 잘라 끓는 물에 소금을 약간 넣고 데친 뒤 찬물에 헹군다.
2. 마른 붉은 고추는 곱게 빻는다.
3. 내장을 정리한 멸치를 냄비에 담고 물을 부어 한소끔 끓인 뒤 멸치는 건지고 국간장과 청주로 간을 한다.
4. 3에 두부를 넣어 한소끔 끓이다가 브로컬리와 마른 고추를 넣고 한소끔 더 끓인 다음 소금으로 모자란 간을 맞춘다.

🌱 두부는 콩을 이용한 식품중 식물성 단백질이 풍부한 대표적 식품이다. 단백질 중 라이신이 풍부하며, 다른 곡류에 결핍된 필수 아미노산을 골고루 포함하고 있어 영양 면에서 효율적이고 소화가 잘된다. 고단백 식품이면서도 다른 식품과는 달리 열량과 포화지방의 함량이 낮고 콜레스테롤이 함유되어 있지 않은 단백질 식품이어서 과잉 칼로리로 인한 비만인에게 좋다.

🍷 바글바글 끓인 시원한 두부 브로컬리탕에 매콤한 향, 토스트 향이 잘 느껴지는 레드 와인과 먹는다면 국물 해장이 절로 되는 듯한 느낌이다.

궁합이 맞는 와인   ＊부드럽고 엘레강스한 맛이 좋은 와인

● 와인명 : 샤또 로스블도스 메를로   ● 와인 타입 : 레드   ● 원산지 : 칠레
● 빈티지 : 2007

닭가슴살 냉국

재료

닭가슴살 200g, 달걀 1개, 오이 · 배 각 1/2개, 당근 1/4개, 다진 마늘 1/2큰술, 대파 1/2뿌리, 조선간장 1큰술, 설탕 1.5큰술, 식초 2큰술, 레몬즙 1큰술, 들깨가루 · 통후추 · 소금 적당량

만들기

1. 가슴살을 끓는 물에 마늘, 파, 통후추와 함께 삶아 낸다.
2. 오이 · 당근 · 배는 채썰어 준비하고, 달걀은 황백지단을 부친다.
3. 1의 육수 2컵에 조선간장 · 설탕 · 식초 · 레몬 · 마늘을 넣고 국물을 만든다.
4. 가슴살은 먹기 좋은 크기로 찢어 채 썬 채소들과 함께 올려 준다.
5. 얼음과 들깨가루를 첨가하면 시원하고 구수한 냉국이 된다.

🧑‍🍳 기름기를 제거한 닭육수를 차게 해서 식초 · 간장 · 레몬 · 들깨가루로 간하여 고기와 함께 먹는 닭가슴살 냉국은 원기를 보호하고 위를 튼튼하게 한다.

🍷 구수한 국물 맛과 함께 육질을 살려 주고, 산뜻한 산도로 느끼한 뒷맛은 깔끔하게 정리해 주는 화이트 와인과 음식 궁합이 잘 맞는다.

궁합이 맞는 와인

- 와인명 : 까스텔로 디 볼파이아 비앙코 디 볼파이아 Castello di Volpaia Bianco di Volpaia
- 와인 타입 : 화이트 ● 원산지 : 이탈리아 ● 빈티지 : 2005

채식에 어울리는 와인

파스타

파스타는 그 자체로 중립적인 맛을 지니고 있다. 소스의 종류에 따라 와인 선택을 달리해야 한다.

- 샤르도네 : 채소를 주로 사용하는 파스타에는 오크 숙성을 하지 않은 것을 고른다.
- 스위스 샤슬라 : 크림 소스를 사용한다면 드라이하고 미디움바디를 가진 화이트 와인이 어울린다.
- 끼안띠 : 라자냐처럼 오븐에 구운 파스타에는 진한 레드 와인을 서빙한다.

쌀

채소 리조토에는 요리에 든 크림과 재료의 맛을 살리면서 맛을 해치지 않는 와인이 필요하다.

- 삐노 그라지오 : 가볍고, 상쾌하며, 간단한 리조또의 맛을 누르지 않을 정도로 섬세한 맛을 지녔다.
- 삐노 블랑 : 향이 좋고 상쾌하다. 약간 느껴지는 사과의 신맛이 쌀이 주로 들어가는 요리의 맛을 돋우어 준다.

채소

가지·서양 호박·토마토·피망 등의 지중해 채소를 오븐에 구운 요리에는 산도가 조금 있는 와인을 서빙한다.

- 메를로 : 이탈리아산 풀바디 메를로는 약간의 산도를 갖고 있기 때문에 여러 가지 채소에 잘 어울린다.
- 로제 : 이탈리아산 로제 와인인 라그레인크렛저는 맛이 부드럽고 균형을 갖추고

있다. 약간의 쓴맛이 느껴지는데, 구운 채소 요리에 좋다.

달걀
플란·키시·또띠아 등의 달걀이 들어가는 요리는 부드러운 감촉 및 기타 재료의 맛에 어울리는 와인이 필요하다.
- 샤르도네 : 달걀과 치즈 요리에는 오크 숙성을 하지 않은 와인을 선택한다.
- 삐노 그리 : 요리에 양파가 들었다면 드라이한 것을 고른다.
- 쏘비뇽 블랑 : 신선하고 과일 향이 풍부한 이 와인은 대부분의 달걀 요리에서 느껴지는 부드러운 감촉에 잘 어울린다.

치즈
와인에 어울리지 않는 치즈도 있긴 하지만, 대체적으로 치즈 요리, 그중에서도 특히 구운 치즈 요리라면 대체로 문제가 없다. 맛이 너무 강하지 않으면서 요리의 맛을 이끌어 낼 수 있는 와인을 선택한다.
- 쎄미용-샤르도네 : 오스트레일리아산으로, 구운 치즈 요리와 완벽한 조화를 이룬다.
- 쏘비뇽 블랑 : 맛이 진한 퐁듀에는 뉴월드 와인을 고른다.

견과류와 콩
왈도프처럼 견과류가 주로 들어가는 샐러드는 맛과 감촉이 강하기 때문에 가볍고 맛이 풍부하면서도 신선한 와인이 필요하다. 오븐에 구운 견과류나 콩 요리에는 진한 레드 와인이 좋다.
- 이탈리아산 모스카토 : 산도가 약간 있고, 견과류와 사과의 맛이 조금 난다. 샐러드에 이상적인 와인이다.
- 칠레산 메를로 : 오븐에 구운 견과류에는 미디움이나 풀바디 레드 와인이 완벽한 조화를 이룬다.

닭 겨자냉채

재료

닭고기(가슴살) 250g, 오이 · 당근 각 1개, 배 1/2개, 달걀 2개, 대추 3개, 잣 1작은술, 마늘 · 파 약간씩

　소스 : 잣가루 1/5컵, 갠 겨자 1/2작은술, 설탕 · 식초 각1큰술, 소금 1/2 작은술, 닭육수 1/4컵, 우유 1/4컵, 흰후춧가루 약간

만들기

1. 닭고기는 깨끗이 씻은 후 맛술을 뿌려 둔다.
2. 끓는 물에 20분 이상 삶아 결대로 쭉쭉 찢어 둔다.
3. 닭국물은 거즈에 받쳐 따로 식혀 둔다.
4. 오이와 당근은 5cm 길이로 곱게 채 썬다.
5. 배는 껍질을 벗겨 반으로 갈라 납작하게 썰고 설탕물에 담그어 둔다.
6. 달걀은 황백지단을 부쳐 5cm 길이로 곱게 채 썬다.
7. 대추는 돌려 깎은 후 곱게 채 썬다.
8. 잣은 고깔을 떼고 소스용만 곱게 다져 둔다.
9. 잣가루와 겨자, 설탕, 식초, 우유, 닭육수를 넣고 섞어 소금과 흰후춧가루로 간한다.
10. 접시에 예쁘게 담아 낸다.

🌱 겨자소스의 독특한 맛과 닭고기와 채소들이 어우러져 상큼한 맛을 낸다.
🍷 균형 잡힌 레드 와인, 가볍고 섬세한 카비넷 스타일의 와인과 먹으면 잘 어울린다.

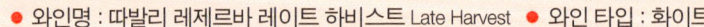
궁합이 맞는 와인

● 와인명 : 따발리 레제르바 레이트 하비스트 Late Harvest　● 와인 타입 : 화이트
● 원산지 : 칠레　● 빈티지 : 2007

두부 달걀 샐러드

재료

두부 1/2모, 달걀 4개, 오이·양파 각 40g, 당근·파프리카 각 20g, 김치 50g, 마요네즈 1큰술, 소금 약간

만들기

1. 두부를 면보에 대고 물기를 꼭 짜서 으깨 준다.
2. 달걀은 삶아서 반을 갈라 노른자와 흰자를 분리한다.
3. 나눈 노른자는 체에 걸러 준비한다.
4. 오이·당근·양파·파프리카는 곱게 다진다.
5. 김치는 물에 헹궈 면보에 대고 물기를 꼭 짜낸 후 곱게 다져 준비한다.
6. 노른자와 다 져놓은 재료를 넣고 마요네즈와 소금을 약간 넣고 고루 섞는다.
7. 흰자 속에 섞어 놓은 재료를 채워 넣으면 완성된다.

궁합이 맞는 와인

● 와인명 : EOS 모스카토 EOS Moscato　● 와인 타입 : 화이트　● 원산지 : 미국

수수가루 쇠고기 경단

재료

다진 쇠고기 200g, 수수가루 1컵, 간장 1큰술, 설탕 1/3큰술, 다진 마늘·다진 파 각 1큰술, 소금 1작은술, 후추·참기름 약간씩

만들기

1. 다진 쇠고기는 면보에 싸서 물기를 제거해 준다.
2. 쇠고기에 분량의 재료를 넣고 치댄다. 이때 수수가루 2큰술을 함께 넣는다.
3. 경단 모양을 만들어 수수가루 위에 굴려 준다.
4. 팬에 기름을 두르고 경단을 굴려가며 익혀 준다.

🌱 수수가루는 밀가루에 비해 섬유소가 8배, 철분이 5배, 지질은 2.5배 더 많으면서 글루텐은 함유되어 있지 않아 밀 알레르기가 있는 사람에게 밀가루 대책으로 사용되기도 한다.

🍷 구수한 수수와 쫀득한 고기에 겨자소스를 곁들여 먹을 때 미듐에서 풀바디로 넘어가는 듯한 전체적으로 바디감이 좋은 레드 와인과 함께하면 좋다.

궁합이 맞는 와인 ＊ 미디엄 풀바디 와인으로 부드럽게 입 안에 느껴진다

- 와인명 : 끼안띠 클라시코 르부쉐　● 와인 타입 : 레드　● 원산지 : 이탈리아
- 빈티지 : 2006

오이 게살 샐러드

재료
오이 1개, 게맛살 3개, 양파 1/3개, 노란 파프리카 1/3개, 후추 약간
   드레싱 : 마요네즈 1큰술, 머스터드 1/2작은술, 꿀 1작은술, 화이트 와인
1큰술, 소금 약간

만들기
1. 오이는 깨끗이 씻어 필러로 군데군데 길게 깎아 줄무늬를 만든다.
2. 오이는 4~5cm 길이로 잘라 티스푼으로 속씨를 긁어 낸다.
3. 맛살·양파·파프리카는 곱게 다진다.
4. 볼에 다진 맛살과 채소를 담고 분량의 드레싱을 넣고 고루 버무린다.
5. 손질한 오이에 버무린 맛살 속을 소복하게 올린다.

오이는 강한 알칼리성 식품으로, 산성화된 몸을 중화시키고 이뇨 작용이 있어
부기를 뺀다. 또한 열을 내리고 해독 효과가 뛰어나 화상을 입은 데 좋으며, 가
려움증이나 땀띠로 인한 피부 트러블을 가라앉힌다. 풍부한 비타민C는 신진대
사를 원활하게 하고, 감기를 예방하며 피로와 갈증을 풀어 준다.

오이의 아삭함과 게살 드레싱이 입안에 경쾌감을 준다. 시원한 화이트 와인과
함께 잘 어울린다.

궁합이 맞는 와인

● 와인명 : 한스 크리스토프 Hanns Christof　● 와인 타입 : 화이트　● 원산지 : 독일
● 빈티지 : 2004

전복 겨자 소스 냉채

재료

전복 2마리, 오이 1/2개, 당근 1/3개, 겨자 1큰술, 새싹 30g
　겨자 소스 : 식초 3큰술, 레몬즙 1큰술, 마늘 1작은술, 올리고당 3큰술

만들기

1. 전복은 끓는물에 살짝 데쳐 편으로 썬다.
2. 오이, 당근은 채 썬다.
3. 겨자 1큰술과 물 1큰술을 개어 뜨거운 김을 쐬여 발효시킨 후 분량의 재료를 넣고 소스를 만든다.
4. 채소와 소스를 버무린 뒤 1의 전복을 올려 준다.

🍷 전복과 채소가 신선함을 맘껏 느낄 수 있게 해 준다. 에피타이저로 간단하게 즐길 수 있는 전복 겨자 소스 냉채와 풍성한 과일향과 상큼한 미디움 드라이한 리즐링 와인과 잘 어울린다.

궁합이 맞는 와인　　* 상큼한 미디움 드라이

● 와인명 : 다인하드 그린라벨　● 와인 타입 : 리즐링　● 원산지 : 독일
● 빈티지 : 2004

해물 파전

재료

실파 200g, 양파 1/2개, 오징어 1/2마리, 홍합살 40g, 새싹 20g

　반죽 재료 : 달걀 1개, 부침가루 1컵, 물 1/2컵, 다진 마늘 · 생강즙 각 1큰술, 소금 · 후춧가루 약간씩

만드는 법

1. 실파는 5cm 길이로 썰고, 양파는 채 썬다.
2. 오징어는 내장을 빼고 씻어서 잘게 채 썰고, 홍합과 새우는 소금물에 씻어 놓는다.
3. 큼지막한 볼에 1과 2의 재료와 반죽 재료를 모두 넣고 고루 섞는다. 반죽이 너무 되면 물을 조금 넣는다.
4. 달궈진 팬에 기름을 두르고 반죽을 한 국자씩 얹어 얇게 지져 내어 먹기 좋게 잘라 낸다.

🍷 고소하고 말랑한 밀가루 반죽에 어우러진 채소와 싱싱한 해물의 비릿한 바다 내음이 비단처럼 부드러운 화이트만큼 잘 어울리는 것도 없을 것이다. 산도와 산뜻하고 향긋한 향, 드라이한 맛의 화이트 와인이 제법 잘 어울린다.

궁합이 맞는 와인　　＊ 달콤한 향과 맛을 지닌 미디엄 바디 와인

- 와인명 : 샤또 라모스 블랑 Chateau Lamothe Blanc　● 와인 타입 : 화이트
- 원산지 : 프랑스　● 빈티지 : 2006

녹두전

재료

　반죽 재료 : 불린 녹두 1컵, 찹쌀가루 2큰술, 물(믹서에서 0.7cm 올라오는 정도), 꽃소금 약간, 식용유(부침용) 적당량

　반죽 속재료 : 차돌박이(3~4cm 길이로 가늘게 채 썬 것), 소금 1작은술, 참기름·후춧가루 약간씩

　나머지 고명 재료 : 파채(파 1/2뿌리 분량), 버섯채(새송이버섯 1개분), 절인 오이채(오이 1/2개분), 소금·후춧가루 약간씩, 채 썬 홍고추 1/2개분

　간장 소스 : 간장·물 각 1큰술, 설탕·식초 각 1/2작은술, 통깨 1/3작은술

만들기

1. 녹두는 4시간 정도 불려 깨끗이 씻어 껍질을 벗기고, 찹쌀가루와 물을 넣어 믹서에 간다. 꽃소금은 부치기 직전에 넣는다.
2. 차돌박이는 소근과 참기름, 후춧가루에 버무린다.
3. 프라이팬에 식용유를 두르고 녹두 반죽을 수저로 하나씩 동그랗게 떠넣고 양념한 차돌박이와 나머지 고명 재료를 골고루 얹는다. 그 위에 녹두 반죽을 1작은술씩 얹어 얇게 편 다음 노릇하게 구워 낸다.
4. 간장 소스를 만들어 녹두전과 함께 낸다.

🌿 녹두는 100가지의 독을 풀어 주는 명약으로 알려져 왔다. 간장 보호·위장 기능 강화·시력 강화·비만 예방·피부 탄력 유지·마음 안정 등의 작용을 한다.

🍷 기분 좋은 산도의 부르고뉴 와인은 녹두전의 기름지고 고소한 맛을 상승시킨다.

궁합이 맞는 와인

● 와인명 : 부루고뉴 빠스 뚜 그랭　● 와인 타입 : 레드　● 원산지 : 프랑스
● 빈티지 : 2006

별미 요리

수삼 오이 잣 소스 냉채

재료
수삼 2뿌리, 오이 1개, 새싹 80g
　소스 : 잣가루 2큰술, 식초 · 설탕 각 2큰술, 간장 1/2작은술, 소금 2작은술, 마요네즈 2큰술, 겨자 1큰술, 레몬 1/4개, 참기름 1/2작은술

만들기
1. 수삼은 깨끗이 손질하여 채 썬다.
2. 오이는 5cm 정도 토막 내어 겉껍질은 벗겨 내고, 돌려깎기하여 채 썬 후 찬물에 담아 싱싱하게 건진다.
3. 마요네즈에 겨자 · 설탕 · 식초 · 간장 · 소금 · 참기름 · 레몬즙을 혼합하여 소스를 만든다.
4. 수삼, 오이에 3의 소스를 넣어 버무린 다음 잣가루 1큰술을 섞는다.
5. 수삼과 채소를 접시에 담고 잣소스를 뿌려 준다.

잣가루 만들기
잣은 고깔을 빼내고 마른 행주로 깨끗이 닦은 후 깨끗한 종이 위에 올려놓고 칼끝으로 곱게 다진다. (잣은 지방분이 많기 때문에 잣가루 또는 잣소금이라 불린다.)

🌱 수삼은 원기 회복과 항암 작용이 있다. 잣은 고칼로리 식품으로 기운이 없을 때나 입맛을 잃었을 때 좋은 것으로 널리 알려져 있다. 잣에는 비타민B가 풍부하며 호두나 땅콩에 비해 철분이 많아 빈혈 치료와 예방에도 좋지만, 인이 많고 칼슘이 적은 산성 식품이므로, 해초나 우유 등 칼슘이 풍부한 식품과 함께 먹는 것이 좋다.

🍸 고소한 잣소스와 수삼이 어우러져 침샘을 자극하는 산도와 함께 신선한 과일의 풍미가 느껴지는 조화롭고 구조가 훌륭한 와인이 좋다.

궁합이 맞는 와인

● 와인명 : 실리니 셀러셀렉션 소비뇽 블랑 Sileni Cellar Selection Sauvignon Blanc

● 와인 타입 : 화이트　● 원산지 : 뉴질랜드　● 빈티지 : 2006

녹차 밀전병이 있는 구절판

재료

마른 표고버섯 5개(양념 : 간장 1/2큰술, 설탕 1작은술, 참기름 1큰술, 후춧가루 약간), 쇠고기 100g(양념 : 간장 1큰술, 설탕 1/2큰술, 참기름·다진 파 1/2작은술, 다진 마늘 1작은술, 후춧가루 약간), 풋고추 4개, 당근 50g, 숙주 100g(양념 : 소금 1/2작은술, 참기름 1작은술), 달걀 2개, 잣·대추 약간

　녹차 밀전병 재료 : 밀가루 1컵, 녹차가루 1큰술, 물 1컵, 소금 1작은술

　겨자초장 : 발효 겨자 1큰술, 식초 2큰술, 꿀 1.5큰술, 연유 1/2작은술, 소금 1/2작은술

만들기

1. 표고버섯은 불려 채 썰어 분량의 양념으로 10분간 재웠다가 팬에 볶는다.
2. 쇠고기도 채 썰어 분량의 양념으로 재웠다가 팬에 볶는다.
3. 풋고추는 4cm 길이로 채 썬 뒤, 팬에 기름을 두르고 볶아 소금으로 간한다.
4. 당근도 4cm 길이로 채 썰어 끓는 물에 소금을 넣고 데쳐 물기를 짠 뒤 팬에 기름을 두르고 소금으로 간하여 볶는다.
5. 숙주는 머리와 뿌리 부분을 떼어 다듬은 뒤 끓는 물에 소금을 넣고 데쳐 물기를 짠 다음 소금과 참기름으로 양념한다.
6. 달걀은 흰자와 노른자를 나누어 각각 지단을 부친 다음 4cm 길이로 채 썬다.
7. 밀가루와 녹차가루를 함께 체에 내린 다음 물과 소금을 넣어 반죽하여 5분간 둔다.
8. 프라이팬에 기름을 조금 두르고 반죽을 지름 9cm가 되도록 동그랗고 얇게 펼쳐 밀전병을 부친다.
9. 구절판 그릇의 가장자리에 채 썬 재료들을 돌려 담고 가운데에 밀전병을 담은 뒤 대추와 잣으로 장식한 다음 겨자초장을 곁들인다.

🍷 녹차밀전병과 잘 어우러져 부드러운 과일향과 독특한 아로마를 형성하며 부드러운 산도와 오랜 여운으로 맛과 향이 풍부한 와인이 어울린다.

궁합이 맞는 와인

● 와인명 : 몬타나 샤도네이 Montana Chardonnay   ● 와인 타입 : 화이트
● 원산지 : 뉴질랜드   ● 빈티지 : 2004

돌나물 치즈 샐러드

재료

돌나물 100g, 새싹 200g, 체다치즈 60g, 식빵 1장, 레몬 1/2개, 홍고추 1개, 비트 약간

　드레싱 : 고춧가루 1작은술, 레몬즙 2큰술, 식초·설탕 각 1큰술, 올리브오일 2큰술, 소금·후추 약간

만들기

1. 돌나물을 깨끗이 손질해서 씻어 놓는다.
2. 식빵은 주사위 모양으로 썰어 팬에 버터를 두르고 노릇하게 볶는다.
3. 치즈는 곱게 채 썰고, 홍고추는 곱게 송송 썬다.
4. 비트는 곱게 채 썬다.
5. 식초·설탕·올리브오일·소금·홍고추·고춧가루·레몬즙·소금·후춧가루를 섞어 소스를 만든다.
6. 먹기 직전에 분량의 드레싱을 채소에 뿌려 낸다.
7. 레몬즙을 뿌리면 맛과 느낌이 한결 신선하다.

🌿 돌나물은 식욕을 돋워 주고 피를 맑게 하는 효능이 있으며, 살균·소염·해독 효과를 지닌 것으로 알려져 있다. 비타민C, 칼슘 등 각종 영양소가 풍부한데, 특히 칼슘은 우유의 2배나 된다. 수분 함량이 높아 건조해진 피부에도 효과적이다.

🍷 보르도 최고급 화이트 그랑크뤼의 전통 생산방식과 6개월간의 오크 숙성에서 풍기는 무게감과 산뜻한 산도와 과일의 향이 봄나물의 싱그러운 입감을 좋게 한다.

궁합이 맞는 와인　* 섬세한 오크향과 과일향이 나며 긴 여운을 지닌 와인

● 와인명 : 바롱 드 레스탁 보르도 화이트 Baron de Lestac Bordeaux White
● 와인 타입 : 화이트　● 원산지 : 프랑스　● 빈티지 : 2007

닭가슴살 김치말이 꼬치

재료
닭가슴살 2쪽, 김치 1/4포기, 소금 · 후추 · 청주 · 참기름 약간씩

만들기
1. 배추김치는 소를 털어 내고, 줄기는 채 썰고, 잎은 그대로 준비하여 참기름으로 살짝 무쳐 준다.
2. 닭가슴살은 소금 · 후추 · 청주를 약간 뿌려 간한다.
3. 김발에 김치 잎을 고르게 펴고 그 위에 재료를 올려 말아 준다.
4. 돌돌 만 김치를 한입 크기로 자른다.
5. 깔끔하고 담백한 맛을 느낄 수 있다.

🧑‍🍳 타 육류에 비해 열량과 지방이 적은 닭가슴살은 단백질 다이어트에 좋은 음식이면서 건강식으로도 쓰인다. 그래서 무리한 다이어트로 단백질 부족 현상을 겪는 사람에게 좋다. 또한 콜레스테롤의 함량 또한 쇠고기나 돼지고기에 비해 낮아 고혈압 환자들처럼 콜레스테롤에 유의해야 하는 사람들에게 적합하다.

🍷 칵테일 파티에서도 많이 볼 수 있는 꼬치 요리를 닭가슴살과 개운한 김치맛으로 어울리게 만들었다. 진한 향기와 무게감이 있는 레드 와인과 함께 멋진 파티를 만들어 보자.

궁합이 맞는 와인 ＊ 농익은 탄닌 스파이시향이 느껴지는 와인

- 와인명 : 라 샤스 뒤 파프 시라 La chasse du Pape Syrah ● 와인 타입 : 레드
- 원산지 : 프랑스 ● 빈티지 : 2006

궁중 떡볶이

재료

가래떡 200g, 쇠고기 50g, 표고버섯 2장, 당근 50g, 오이 · 양파 각 1/4개씩, 식용유 2큰술

양념 : 간장 4큰술, 설탕 1/2큰술, 다진 파 · 다진 마늘 1/2큰술, 깨소금 1작은술, 맛술 1큰술, 참기름 1작은술, 후춧가루 약간

만들기

1. 가래떡은 4cm 길이로 썰어 4등분하여 끓는 물에 소금 넣고 데친다.
2. 데친 떡은 찬물로 씻은 뒤에 참기름을 발라 놓는다.
3. 쇠고기는 채 썰고, 오이와 양파도 채 썬다.
4. 표고버섯은 불린 후 밑동을 제거하고 채 썬다.
5. 쇠고기와 버섯은 간장 · 설탕 · 참기름 · 후춧가루 · 깨소금으로 간한다.
6. 분량의 재료를 섞어 양념장을 만든다.
7. 프라이팬에 기름을 두르고 양파를 볶다가, 쇠고기→표고→떡→당근→오이순으로 볶는다.
8. 볶던 재료에 양념장을 넣고 모든 재료가 익도록 볶는다.
9. 재료에 간이 들지 않으면 소금으로 간을 마무리한다.

🍷 쫄깃한 떡볶이가 부드러운 산미와 조화를 이루며 복합적이면서도 우아한 탄닌을 맛볼 수 있는 레드 와인이 잘 어울린다.

궁합이 맞는 와인

- 와인명 : 발리스 Vallis Tolitum Roble　● 와인 타입 : 레드　● 원산지 : 스페인
- 빈티지 : 2005

단호박 두부 꼬치

재료
단호박 1/2개, 두부 1/2모, 파프리카 1개, 브로컬리 1송이, 소금·후추 약간

만들기
1. 두부는 2cm 정도로 깍뚝썰기한 다음 소금과 후추로 간한 뒤 팬에 바싹 구워 준다.
2. 단호박은 슬라이스하여 팬에 구워 준다.
3. 파프리카와 브로컬리는 두부 크기로 잘라 준다.
4. 꼬치에 재료를 끼우고 150℃ 오븐에 5분 정도 구워 준다.

🍷 간단한 술안주로 먹기 좋은 단호박두부꼬치와 입 안에서 기포의 질감을 느낄 수 있는 스위트한 스파클 와인을 함께 하면 깔끔한 드라이함을 원하는 분들에게 좋다.

궁합이 맞는 와인

- 와인명 : 간치아 아스티 Gancia Asti ● 와인 타입 : 스파클링 ● 원산지 : 이탈리아
- 빈티지 : NV

딸기와 돌나물을 곁들인 샐러드

재료

딸기 240g, 돌나물 100g

　양념 : 엑스트라버진 올리브오일 6큰술, 레몬즙 2큰술, 설탕 2큰술, 발사믹 식초 1큰술, 소금 · 후춧가루 약간

만들기

1. 딸기를 깨끗이 씻어 물기를 뺀 후 꼭지 부분을 자르고, 0.3cm 두께로 슬라이스한 후 접시에 얇게 편다.
2. 분량의 재료를 넣고 섞어서 드레싱을 만든다.
3. 잘게 뜯은 돌나물을 작은 크기로 썬 딸기와 섞은 후 드레싱과 버무린다.
4. 슬라이스한 딸기 위에 드레싱을 살짝 뿌린다.

🌱 딸기에는 비타민C가 풍부하게 들어 있어 여러 가지 호르몬을 조절하는 기능이 있으며 체력 증진에 효과적이다. 스트레스 해소, 면역력 강화, 세포혈관 강화, 환절기 감기 예방, 원기 회복, 해열, 거담, 기침, 호흡기질환 예방, 미백, 구취 예방, 노화 방지에 효과적이다. 또한 딸기는 신장에도 좋으며 간을 보호하고 양기를 일으키는 성질을 가지고 있다.

🍷 봄에 기운을 느낄 수 있는 돌나물과 딸기는 전체적으로 스위트한 베이스의 음식으로 와인도 스위트한 것이 어울린다.

궁합이 맞는 와인　✳ 과일맛이 입안을 감돌며 오래 간다

● 와인명 : 뉴에이지 로제 New Age Rose　　● 와인 타입 : 로제　　● 원산지 : 아르헨티나
● 빈티지 : 2006

연근 들깨 소스 냉채

재료

연근 200g, 맛살 4줄, 셀러리 1/2줄기, 치커리 5잎, 식초 · 설탕 각 1큰술, 생수 1/2컵, 소금 1작은술

  들깨 소스 : 들깨가루 4큰술, 생수 1/2컵, 식초 2큰술, 간장 1작은술, 설탕 1.5큰술, 다진 마늘 1작은술, 소금 약간

만들기

1. 연근은 껍질을 벗기고 3cm 두께로 썬 뒤 끓는 물에 식초를 넣고 삶아 건진다. 셀러리는 겉의 얇은 막을 벗긴 뒤 어슷하게 저며 얼음물에 담갔다가 싱싱해지면 건진다. 치커리는 작게 뜯어 놓는다.
2. 볼에 식초, 설탕, 생수를 넣고 섞은 다음 1의 데친 연근을 넣어 맛이 잘 배도록 재워 둔다.
3. 맛살은 어슷하게 썰고 셀러리와 치커리는 흐르는 물에 깨끗이 씻는다.
4. 들깨가루에 생수를 부어 저은 다음 나머지 소스재료를 넣고 섞어 냉장고에 넣어 둔다.
5. 그릇에 연근 · 맛살 · 셀러리 · 치커리를 담고 먹기 직전에 차게 두었다가 들깨소스를 뿌려 낸다.

🌱 연근의 비타민C는 피로를 풀어 주고 감기를 예방하는 데 좋으며, 지나친 흡연이나 과음, 스트레스에도 효과적이다. 탄닌은 소화와 지혈 작용이 뛰어나 위궤양이나 십이지장궤양에 좋다. 장운동을 도와 배변을 원활하게 하고, 변비를 해소해 주는 식이섬유도 풍부하다. 기력을 회복하고 스태미나를 보강하는 데 효과가 있는 아스파라긴산도 들어 있다. 연근 즙이나 연군 두유를 만들어 먹어도 좋다. 들깨는 오메가3 지방산으로 리놀레산과 함께 인체에 꼭 필요한 필수 지방산이다.

🍷 연근과 들깨소스가 적절하게 잘 어울리며, 건강과 다이어트식으로 와인과 함께 먹으면 소화도 잘되며 깔끔한 맛을 더해 준다.

궁합이 맞는 와인

● 와인명 : 테이블 마운틴 샤도네이 Montana Chardonnay   ● 와인 타입 : 화이트

● 원산지 : 남아프리카공화국   ● 빈티지 : 2008

녹차 소스 과일 샐러드

재료

레몬 1개, 오렌지 2개, 키위 1개, 딸기 3개, 물 2컵, 설탕 1/2컵, 바닐라빈 1/2개, 민트 잎 약간, 녹차가루 1/2작은술

   녹차소스 : 녹차가루 2큰술, 마요네즈 2큰술, 올리고당 1큰술, 소금 약간

만들기

1. 레몬과 오렌지는 깨끗이 씻어 껍질을 얇게 벗긴다.
2. 물과 설탕을 냄비에 넣고 끓으면 불에서 내린 후 볼에 담는다. 바닐라빈을 반으로 갈라 볼에 담는다.
3. 민트 잎과 레몬, 오렌지껍질, 녹차 가루를 넣고 랩으로 덮은 후 10분 정도 둔다.
4. 3을 체에 내린 후 즙과 녹차 소스를 섞어 냉장고에 넣어 차게 한다.
6. 계절 과일을 먹기 좋은 크기로 썰어 보기 좋게 담아 준비된 녹차 소스를 곁들여 낸다.

🌱 다이어트 식품으로도 좋은 녹차가루로 샐러드 소스를 만들어 먹으면 녹차의 향과 맛이 과일을 더욱 풍성하게 느낄 수 있게 할 것이다.

🍷 계절과일샐러는 식전에 먹는 에피타이저로, 아이스 와인을 곁들이면 상큼함과 신선함이 입 안에 풍부한 느낌을 준다.

궁합이 맞는 와인

- 와인명 : 엘리엇 락 아이스 와인 Elliiot Rocke Ice Wine ● 와인 타입 : 화이트
- 원산지 : 스페인 ● 빈티지 : 2006

별미 요리

미나리 잡채

재료

당면 100g, 미나리 150g, 쇠고기(살코기) 80g, 노란색 피망 1개, 만가닥버섯 100g, 표고버섯 2개, 깨소금 약간

　쇠고기 양념 : 간장 1큰술, 설탕 1/2술, 다진 파·다진 마늘 각 1/2작은술, 후춧가루 약간

　잡채 양념 : 간장 1작은술, 식초 1큰술, 깨소금 1작은술, 설탕·참기름 1/2큰술씩

만들기

1. 미나리는 뿌리와 이파리를 다듬은 뒤 깨끗이 씻어 5cm 길이로 자른다.
2. 쇠고기는 살코기 부위를 이용하여 6cm 길이로 얇게 채 썰어 양념한 후 팬에 볶는다.
3. 피망은 씨를 제거한 후 5cm 길이로 채 썬다.
4. 만가닥버섯은 끓는 물에 살짝 데친 후 물기를 없애고 손으로 가늘게 찢는다. 표고버섯은 물에 불려 쇠고기 양념 1큰술로 간한다.
5. 당면은 5분 정도 삶아 양념해 놓는다.
6. 3의 피망과 4의 버섯을 넣어 볶으면서 미나리를 넣고, 간장·식초·설탕을 넣어 간한 뒤 2의 쇠고기와 5의 당면을 섞어 준다.
7. 깨소금과 참기름을 살짝 넣는다.

🌿 미나리는 식욕을 돋우어 주며 대장이나 소장의 활동을 순조롭게 하며 변비를 없애 준다. 황달에는 미나리를 삶아 먹어도 좋다고 하며, 목이 아플 때 찧어서 즙을 내어 꿀과 함께 섞어서 달여 먹으면 효과가 있다.

🍷 춘곤증을 몰아내는 싱싱한 미나리와 잡채가 어우러져 아주 맛이 좋다. 전형적인 베리 과일맛과 까베르네 소비뇽의 탄닌이 조화를 이루는 와인과 함께 먹으면 입 안에서 느끼는 와인의 무게감과 질감이 잘 조화를 이룬다.

궁합이 맞는 와인

● 와인명 : 빈888 까베르네 멜롯 Bin 888 Cabernet Merlot　● 와인 타입 : 레드
● 원산지 : 호주　● 빈티지 : 2006

묵 초간장 샐러드

재료
청포묵 300g, 미나리 약간, 홍피망 1/2개, 파래김 1/2장, 마늘 1작은술, 간장 2큰술, 식초 1큰술, 설탕 1큰술, 소금 1/2작은술, 레몬즙 1큰술, 물 2큰술

만들기
1. 청포묵은 5cm 길이로 잘라 끓는 물에 살짝 데쳐 건져 놓는다.
2. 홍피망은 0.5cm 크기의 직사각형으로 잘라 놓는다.
3. 김은 구워서 부수어 놓는다.
4. 분량의 양념장 재료를 넣고 초간장을 만든다.
5. 묵과 간장을 살살 버무린다.

🌱 묵은 저칼로리 음식으로 간단한 술안주나 영양식으로 좋다.

🍷 묵의 부드러움의 초간장이 시큼함이 진한 열대 과일향과 부드럽고 긴 여운을 느낄 수 있는 화이트 와인과 잘 어울린다.

궁합이 맞는 와인

● 와인명 : 아라베스큐 Arabes Q ● 와인 타입 : 화이트 ● 원산지 : 프랑스
● 빈티지 : NV

매운 요리에 어울리는 와인

매운 카레

심하게 매운 인도 카레는 입맛을 압도하기 때문에 고급 와인은 낭비다. 고급 와인은 섬세한 맛을 느끼기 어렵기 때문이다. 와인은 인도 식문화의 일부가 아니기 때문에 대부분 요구르트 음료 또는 맥주를 선택하게 된다. 와인을 마신다면 상쾌하고 가벼운 것을 내놓아 시원하게 마신다.

- 게부르츠트라미너 : 매운 카레와 어울리는 유일한 와인일 것이다.

태국 음식

태국 음식은 칠레 고추, 레몬그라스, 기타 향신료를 사용하여 맛을 낸다. 차갑게 내놓을 수 있는 스파이시한 화이트 와인을 선택한다.

- 샤블리 : 요리의 향신료에 어울리는 높은 산도와 강한 맛을 지녔다. 샤블리 그랑 크뤼는 개성이 너무 강하기 때문에 태국 음식에 적절하지 않을 수도 있다.
- 샤르도네 : 뉴월드 와인은 견과류가 든 사테이 요리에 어울린다.
- 모젤 : 강한 향신료의 맛을 돋우어 주는 당도 높은 와인이다.

중국 음식

중국 음식의 톡 쏘는 맛은 섬세하기 때문에 은은한 맛이 나는 와인을 골라야 한다.

- 게부르츠트라미너 : 중국 음식에 어울리는 와인으로, 특히 달고 시큼한 요리에 좋다.
- 리슬링 : 섬세한 과일맛, 높은 산도와 단맛을 갖고 있으므로 대부분의 중국 요리에 어울린다.

일본 음식

일본 음식은 가볍고 은은한 편이지만 날카로운 식초 맛이 입안을 채우기도 한다. 이 날카로움에 대등할 정도로 강한 맛과 일본 음식의 섬세함을 맞출 수 있는 가벼움이 함께 있는 와인을 선택해야 한다.

● 보졸레 : 일본 음식에 어울리는 몇 안 되는 와인에 속한다.

멕시코 음식

멕시코 음식은 다양한 맛과 감촉을 갖고 있지만 매운 타코 요리는 와인을 맞추기 어렵다. 샤워 크림과 함께 서빙하는 나초와 구아카몰은 와인을 선택하기가 수월한 편이다.

● 상그리아 : 과일향이 많고 알코올 함유량이 적다. 모든 멕시코 음식과 어울린다.

● 쏘비뇽 블랑 : 과일향이 요리의 향신료 맛에 균형을 잡아 준다. 차게 내놓아서 입 안을 씻어 내린다.

● 그르나슈 : 레드 와인도 무방하지만 좀더 가벼운 것이 좋다.

누룽지 피자

재료

찬밥 1공기, 청·홍 피망 각 1/2개, 양파 1/3개, 양송이버섯 5개, 모짜렐라 치즈

  소스 : 토마토페이스트 2큰술, 간장 1큰술, 설탕 1작은술, 소금·후추 약간

만들기

1. 찬밥은 팬에 고루 펴 약한 불에 은근히 구워 누룽지를 만들어 준다.
2. 피망, 양파는 채 썰어 준비하고, 버섯은 슬라이스한다.
3. 페이스트는 팬에 볶은 후 분량의 양념을 넣어 준비한다.
4. 구운 누룽지 위에 페이스트 소스를 바르고 채 썬 채소와 버섯을 올린 뒤 치즈를 올린다.
5. 190°C 오븐에 15분간 구워 준다.

🍷 누룽지를 이용한 퓨전 음식으로 누룽지 피자를 만들었다. 누룽지의 바삭함이 피자 도우로 아주 좋으며, 달콤하며 매혹적인 자줏빛을 띤 붉은색의 로제와인 이 잘 어울린다.

궁합이 맞는 와인   * 산딸기 같은 과일향이 느껴져서 뒷맛이 좋다.

- 와인명 : 칼리테라 시라즈 로제 Syrah Rose ● 와인 타입 : 로제 ● 원산지 : 칠레
- 빈티지 : 2006

단호박 샐러드

재료

단호박 1/2통, 고구마 1개, 견과류 약간
　샐러드 드레싱 : 올리고당 1큰술, 소금 1/2작은술, 플레인 요구르트 1개

만들기

1. 단호박은 껍질 채 씻어 속을 파내어 큼지막하게 썰고, 고구마도 껍질째 썬다.
2. 김이 오른 찜통에 호박을 넣고 15~20분간 찐다.
3. 분량의 재료를 섞어 드레싱을 만든다.
4. 믹싱 볼에 단호박과 고구마, 나머지 재료들을 넣고 섞어 준다.
5. 견과류와 함께 먹으면 고소함을 한껏 느낄 수 있다.

🌿 비타민과 섬유질이 풍부한 단호박 샐러드는 달콤함과 상큼함에 기분까지 업 (up) 되는, 간단하면서도 맛있는 단호박 샐러드이다.

🍷 가벼우면서 다이어트 음식으로 즐길 수 있는 단호박 샐러드와 식전 와인이 궁합이 잘 맞는다.

궁합이 맞는 와인

- 와인명 : 돔 브리얼 Dom Brial ● 와인 타입 : 로제 ● 원산지 : 프랑스
- 빈티지 : 2005

연근 오징어 까나페

재료

연근 1/2개, 새싹채소 50g, 오징어 1/2마리(몸통), 방울토마토 3개, 레몬 1/2
개, 녹말가루 2큰술, 비스킷 10개
　허브 드레싱 : 허브오일·식초 1/3컵씩, 레몬즙 1큰술, 설탕 1큰술, 소금,
후추, 파슬리 약간

만들기

1. 연근을 슬라이스하여 레몬 물에 담갔다가 건져 놓는다.
2. 오징어 몸통은 2cm 정도 크기로 잘라 녹말가루를 약간 묻혀 튀긴다.
3. 방울토마토는 슬라이스한다.
4. 분량의 재료를 넣고 드레싱을 만든다.
5. 연근 위에 비스킷→새싹→토마토→오징어순으로 올리고 허브 드레싱을
   뿌려 먹는다.

🍷 모양도 예쁜 연근과 오징어의 궁합이 입 안에 감칠맛을 돌게 한다. 약간의 시큼
한 맛이 나는 화이트 와인과 절묘한 어울림이 될 것이다.

궁합이 맞는 와인

- 와인명 : 오비콰 내추럴 스위트 Obikwa Natural Sweet　● 와인 타입 : 화이트
- 원산지 : 남아프리카공화국　● 빈티지 : NV

구운 두부 까나페

재료
두부 1/2모, 애호박 · 당근 1/4개씩, 팽이버섯 1/2봉지, 녹말가루 3큰술, 소금 1/3큰술, 기름 적당량

　양념 : 굴소스 1/2큰술, 간장 1작은술, 설탕 1/2작은술, 물 1큰술, 후추 약간, 참기름 1작은술

만들기
1. 두부는 6등분으로 자른 후 소금을 약간 뿌려 10분간 둔다.
2. 애호박은 껍질 쪽으로만 돌려 깎은 뒤 당근 · 피망과 함께 3cm 길이로 가늘게 채 썰고, 팽이버섯도 같은 길이로 자른다.
3. 두부는 물기를 닦아 녹말가루를 가볍게 입힌다.
4. 기름 두른 팬을 달궈 두부를 앞뒤로 노릇하게 굽는다.
5. 팬에 손질한 채소를 볶다가 분량의 양념을 넣고 살짝 더 볶아 불을 끈다.
6. 접시에 두부를 담고, 볶은 채소를 두부 위에 조금씩 얹어 완성한다.

🌱 두부는 몸에도 좋고 맛도 좋고 만들기도 쉽고 활용도가 좋다. 채소와 함께 곁들이면 모양과 맛이 좋아져서 술안주로도 좋다.

🍷 파티 분위기를 낼 때 꼭 들어가는 까나페를 한식으로 만들었다. 두부와 굴소스 양념 맛이 부드러운 탄닌과 과일향이 풍부한 레드 와인과 어울린다.

궁합이 맞는 와인

- ● 마시아 엠엠 싱글빈야드 Masia MM Single Vineyard　● 와인 타입 : 레드
- ● 원산지 : 스페인　● 빈티지 : 2000

된장 소스 햄버거 스테이크

재료

다진 쇠고기 200g, 다진 돼지고기 100g, 양파 60g, 달걀 1개, 빵가루 1/2컵, 다진 마늘 1큰술, 소금 · 후춧가루 약간씩

   된장 소스 : 된장 1/2큰술, 토마토 케첩 2큰술, 우스터소스 · 설탕 1작은 술, 레드 와인 약간, 육수 4큰술

만들기

1. 쇠고기와 돼지고기는 다진 것으로 준비하여 종이 타월 등으로 핏물을 뺀다.
2. 양파와 마늘은 곱게 다진다.
3. 그릇에 다진 쇠고기와 돼지고기 · 다진 양파 · 마늘 · 달걀 · 빵가루를 넣고 손으로 치대어 반죽한다. 이것을 직경 4cm 크기로 빚는다.
4. 달군 팬에 3을 얹어 앞뒤로 구워 익힌다.
5. 소스 팬에 분량의 재료를 넣고 끓여 된장 소스를 만든다.
5. 접시에 구운 햄버거스테이크를 담고 된장 소스를 얹어 낸다.

🍷 한국 대표 발효 식품인 된장으로 소스를 만들었다. 된장소스의 구수함이 스테이크와 어우러져 새로운 맛을 느낄 수 있다. 달콤한 첫 느낌과 실크와 같은 질감이 견고하고 부드러운 탄닌과 함께 느껴지는 와인과 함께 스테이크를 먹는다면 매우 기분 좋은 식사가 될 것이다.

궁합이 맞는 와인

- 와인명 : 샤또 마고또 Chateau Margautot　● 와인 타입 : 레드　● 원산지 : 프랑스
- 빈티지 : 2005

양송이 치즈 구이

재료

양송이버섯 10개, 새우살 60g, 양파 1/3개, 파프리카 1/2개, 소금 · 후추 약
간씩, 칠리 소스 2큰술, 모짜렐라 치즈 40g

만들기

1. 양송이는 꼭지를 딴다.
2. 새우살은 굵게 다져 소금과 후추로 간한다.
3. 양파 · 파프리카는 0.2cm 크기로 다져 준다.
4. 팬에 2와 3을 넣어 볶은 후 칠리 소스를 넣어 섞듯이 한 번 더 볶아 속을
만든다.
5. 양송이에 속을 채운 뒤 모짜렐라 치즈를 얹어 170℃ 오븐에 10분간 구워
준다.

🌿 전세계 어느 나라를 가든 버섯 하면 가장 먼저 떠오르는 게 양송이버섯이다. 요
리로 유명한 이탈리아, 프랑스 등 이곳의 음식에서 양송이는 보조 및 주재료로
서의 역할을 톡톡히 하고 있다. 이렇게 세계의 많은 사람들이 사랑하는 양송이
버섯에는 이유가 있다. 우리가 흔히 아는 일반 버섯보다 양송이는 단백질 함량
이 더 높고 육질감이 우수하기 때문이다.

🍷 양송이에 고소한 치즈와 함께 오븐에 구워 맛을 낸 요리이다. 와인과 함께 간단
히 즐길 수 있는 술안주로 일품이다.

궁합이 맞는 와인

- ● 와인명 : 뷰마넨델로 ● 와인 타입 : 레드 ● 원산지 : 칠레
- ● 빈티지 : 2003

곶감 고로케

재료

곶감 5개, 빵가루 1컵, 튀김가루 1/2컵

  소스 : 토마토페이스트 3큰술, 다진 양파 2큰술, 마늘 1큰술, 월계수 잎 · 후추 · 다진 당근 각 1큰술, 소금 약간, 물 1/2컵

만들기

1. 곶감은 꼭지를 떼고 씨를 뺀다.
2. 튀김가루를 물에 개어 반죽을 만들어 곶감에 묻힌 후 빵가루를 입힌다.
3. 180°C 기름에 튀긴다.
4. 팬에 기름을 두르고 마늘 · 양파 · 당근을 볶은 후 페이스트를 넣고 볶은 후, 물을 붓고 월계수잎을 넣어 은근히 끓여서 졸인 뒤에 소금간을 살짝 한다.
5. 튀긴 곶감과 소스를 접시에 함께 담는다.

  곶감은 음식의 소화를 돕고 얼굴의 기미를 없애는 데 효과가 있는 것으로 알려지고 있다. 또 카로틴과 비타민C가 많아 감기 예방에 탁월한 효과가 있으며, 포도당과 당질은 숙취를 풀어 준다. 곶감에 빵가루를 입혀 겉은 바삭하고 속은 달달한 맛을 느낄 수 있는 곶감 고로케는 독특한 맛을 느낄 수 있다.

궁합이 맞는 와인

- 와인명 : 몬테스 알파 카베르네 쇼비뇽
- 와인 타입 : 레드
- 원산지 : 칠레
- 빈티지 : 2006

장떡 피자

재료
고추장 2큰술, 밀가루 1컵 반, 양송이버섯 2개, 양파 1/2개, 옥수수 2큰술,
피망 1/2개, 모짜렐라 치즈 50g

만들기
1. 고추장과 밀가루를 섞어 반죽을 만들어 준다.
2. 양파, 피망, 버섯은 다진 후 소금, 후추 간을 해 옥수수와 볶아 준다.
3. 반죽을 동그랗게 펴서 부친 뒤에 볶은 재료와 치즈를 넣고 반으로 접는다.
4. 한 번씩 뒤집어 구워 준다.

🍷 쫄깃함과 매운맛이 어우러진 장떡 피자와 어느 음식과도 잘 어울리는 쉬라즈
와인을 함께 먹으며 매콤함과 무게감 있는 레드 와인 맛이 입 안을 경쾌하게 만
든다.

궁합이 맞는 와인

● 와인명 : 제이콥 스크릭 센테너리 힐 쉬라즈　● 와인 타입 : 레드　● 원산지 : 호주
● 빈티지 : 2003

단호박죽

재료

단호박 1통, 찹쌀가루 1/2컵, 설탕 1/2작은술, 생크림 1큰술, 월계수잎 1장,
장식용크루통

만들기

1. 단호박은 껍질을 깐후 찜통에 찐다.
2. 찐 단호박을 믹서에 담고 물을 약간 넣어 갈아 준다.
3. 냄비에 2의 단호박을 넣고 월계수잎도 함께 넣어 한소끔 끓여 준다.
4. 찹쌀가루를 넣고 약한 불에 눌지 않도록 저어 주며 끓인다.
5. 불 끄기 직전에 생크림을 넣어 준다.
6. 크루통 만들기 : 식빵을 사방 1cm 크기로 네모나게 자른 후 노릇하게 구워 준다.

🌿 몸을 따뜻하게 만들어 주고 다이어트 식품으로도 인기가 많은 단호박죽은 불면증에도 아주 좋다. 죽과 와인이 어울릴까 생각하겠지만 단호박의 달면서도 부드러운 맛과 짙은 레드 와인을 함께 먹으면 속을 편하게 느낄 수 있게 해 준다.

🍷 부담 없이 먹을 수 있는 단호박죽과 무겁고 짙은 레드 와인을 매치해 보았다. 달달한 단호박 맛과 스모키하고 부드러운 탄닌과 롱 피니시를 느낄 수 있는 와인이 어울린다.

궁합이 맞는 와인 * 부드러운 탄닌과 롱 피니시를 자랑하는 와인

- 와인명 : 오크 캐스크 말벡 Oak Cask Malbec   ● 와인 타입 : 레드
- 원산지 : 아르헨티나   ● 빈티지 : 2005

단호박 김치 피자

재료

단호박 1/4개, 김치 1/4포기, 양송이버섯 3개, 양파 40g, 베이컨 1장, 모짜렐라 치즈 60g, 피자 소스 약간, 또띠아 1장

만들기

1. 단호박은 모양을 살려 얇게 슬라이스한다.
2. 김치 · 양송이버섯 · 양파 · 베이컨은 다져 놓는다.
3. 김치는 한번 볶아 준비한다.
4. 또띠아 위에 피자 소스를 얇게 펴 바른 후 준비된 재료를 얹어 준다.
5. 마지막으로 모짜렐라 치즈를 뿌리고 180℃ 오븐에서 15분간 구워 준다.

☘ 단호박과 김치에 피자 치즈가 어우러져 느끼하지 않고 고소한 맛이 난다.

궁합이 맞는 와인   * 부드러운 탄닌과 검붉은 과일향이 풍부하고 마시기 편한 미디엄 바디

● 와인명 : 샤또 라가로스 Chateau Lagarosse   ● 와인 타입 : 레드   ● 원산지 : 프랑스
● 빈티지 : 2004

더덕 김치 까나페

재료

더덕 3뿌리, 김치 1/4포기, 돼지고기 150g, 쌈채소 약간, 참기름 1작은술,
후추 약간, 와인 1컵, 설탕 2큰술

만들기

1. 더덕은 껍질을 까서 길이로 채 썰고, 쌈채소도 채 썰어 준비한다.
2. 김치는 잘게 썰어 참기름과 후추를 넣고 버무려 준다.
3. 와인은 약한 불에 설탕 2큰술을 넣고 졸여 준다.
4. 돼지고기는 한입 크기로 잘라 와인소스와 함께 구워 준다.
5. 돼지고기 위에 김치를 올리고 채 썬 더덕, 채 썬 쌈채소와 함께 먹는다.

더덕에는 사포닌 · 이눌린 · 전분 · 당류 등이 들어 있음이 밝혀져서 더욱 관심
을 모으고 있는데, 한의학적으로는 부드럽고 독성이 없으며 윤택하다고 하여
열이 있거나 특이체질에 인삼 대용으로 사용하기도 한다. 더덕은 몸의 진액을
생산하고 담을 없애며 기침을 그치게 하는 효능이 있으므로 만성적인 해수나
천식에 훌륭한 약이 된다. 더덕 요리로는 더덕구이 · 더덕김치 · 더덕물김치 ·
더덕장아찌 · 더덕생채 · 더덕산적 · 더덕강정 등이 있다.

더덕향이 느껴지는 까나페와 오크통 숙성의 부드러운 질감의 와인이 담백함을
더욱 강렬하게 만들어 준다.

궁합이 맞는 와인 * 은은한 오크향과 복합적인 과일향 등이 전체적으로 균형을 이룬 와인

- 와인명 : 레오 드레스탁 메독 Les Hauts de Lestac Medoc ● 와인 타입 : 레드
- 원산지 : 프랑스 ● 빈티지 : 2004

베이컨 떡 치즈 말이

재료

가래떡 150g, 베이컨 250g, 슬라이스 치즈 2장
　소스 : 간장 4큰술, 설탕 3큰술, 맛술 4큰술, 물 1/2컵

만들기

1. 가래떡은 5cm 길이로 자른 후 반으로 갈라 준비한다.
2. 슬라이스 치즈를 4등분한다. 가로 1cm, 세로 4cm 길이로 잘라 둔다.
3. 구이 소스를 1/3만 졸여서 준비한다.
4. 가래떡 사이에 치즈를 넣고 사이에 베이컨으로 말아 준 다음 꼬치에 끼운다.
5. 소스를 발라 가며 구워 준다.

🌿 짭잘한 맛의 베이컨에 쫄깃한 떡을 말아 치즈와 곁들인 술안주로, 모양도 예쁘고 맛도 좋은 음식이다.

궁합이 맞는 와인　　* 우아한 풀 바디 와인

- 와인명 : 비냐 마이포 메를로 Vina Maipo Merlot ● 와인 타입 : 레드
- 원산지 : 칠레 ● 빈티지 : 2007

디저트에 어울리는 와인

초콜릿

초콜릿은 매우 달고, 풍부한 감촉이 입 안을 뒤덮기 때문에 와인을 맞추기가 어렵다. 초콜릿의 두 가지 특징을 모두 이겨 낼 수 있는 와인이 필요하다.

- 뮈스까 : 오스트레일리아 산 뮈스까는 대부분의 디저트에 너무 강한 편이지만 진한 초콜릿에는 잘 어울린다.
- 모리 : 프랑스산 와인은 거의 대부분의 초콜릿 디저트를 위한 멋진 와인이다.

과일

과일을 어떻게 내놓느냐에 따라 선택이 달라진다. 신선한 샐러드, 구운 타르트 또는 스튜가 될 수 있다. 와인을 선택할 때는 감촉·온도·산도를 고려한다.

- 뮈스까 드봄드 브니스 : 자두나 블랙베리와 함께 서빙하면 매우 감각적인 배합이 된다.
- 리슬링 : 과일 타르트는 스위트 리슬링에 잘 어울린다.
- 쏘떼론 : 대황과 사과의 날카로운 맛을 돋우어 준다.

크림

크림이 듬뿍 든 디저트는 산도가 높은 과일과 함께 서빙하지 않으면 입 안을 뒤덮는 느낌을 이겨 내기 어렵다. 크림의 물리는 맛에 어울리는 와인이 필요하다.

- 쎄미용-쏘비뇽 : 뉴월드의 스위트한 블랜드 와인으로서 치즈 케이크처럼 크림맛이 진한 디저트에 어울리는 맛과 농도를 갖고 있다.

- 셰리 : 크렘 브릴레 등의 커스터드가 든 디저트에는 스위트 셰리를 곁들인다.

차가운 디저트

아이스크림과 소르베는 식사 끝에 입맛을 상쾌하게 해 주는 전통적인 디저트이다. 함께 서빙하는 와인도 입이 얼얼할 정도로 차갑게 내놓는다. 마데이라가 디저트와 좋은 대조를 이룬다.
- 모스카토 다스티 : 얼음처럼 차가운 과일 소르베에는 당도가 높은 스파클링 와인을 서빙한다.
- 뮈스까-뮈스까 드봄드 브니스 : 바닐라 아이스크림에 가장 어울리는 농도를 갖고 있다.

뜨거운 디저트

막 구운 디저트는 겨울철에 최고다. 커스터드 또는 아이스크림과 함께 내놓고, 맛이 진한 디저트 와인이나 주정 강화 와인을 곁들인다.
- 맘지 마데이라 : 뜨거운 당밀 타르트의 진한 맛을 돋우어 주는 데 제격이다.
- 슈냉블랑 : 뜨거운 애플파이에는 달콤한 스타일을 선택한다.
- 쏘떼른 : 대황과 사와의 과일 맛에 어울리므로 구운 과일 디저트에 어울린다.

케이크와 과자

가벼운 스펀지케이크를 내놓든 맛이 무겁고 진한 과일 케이크를 내놓든 디저트의 맛을 돋우어 주고 목을 축이기에 좋은 와인이다.
- 샴페인 : 경사스런 일에 케이크를 내놓는 경우에 특별한 스파클링 와인을 서빙한다.
- 꼬또 뒤 레이용 : 아몬드와 마르지판 케이크에서 느껴지는 견과류 맛과 진한 감촉을 배가시키는 와인이다.
- 뮈스까 : 진한 맛의 과일 케이크에는 당도와 알코올 함령이 높은 와인이 어울린다.

사과 생강 정과 / 약과

사과 생강 정과 **재료**
사과 1개, 생강 100g, 설탕 1컵, 물엿 4큰술, 소금 1작은술

만들기
1. 사과는 반으로 잘라 씨를 빼고 슬라이스한다. 생강은 편으로 썬다.
2. 냄비에 설탕, 물을 넣고 끓이다가 불을 줄여 조린다.
4. 물이 졸아들면 물엿과 사과를 넣고 윤기 나게 졸여 망에 펼쳐 식힌다.
5. 생강도 같은 방법으로 한다.

약과 **재료**
밀가루 1컵, 청주 1컵, 꿀 2큰술(집청꿀), 물 2큰술, 생강즙 1작은술, 소금 · 후추 약간씩, 계피가루 1/2작은술, 참기름 2큰술

만들기
1. 밀가루에 소금과 후추 넣고 체에 내려 참기름을 넣고 비벼 섞는다.
2. 그릇에 생강즙 · 꿀 · 청주를 섞어 1의 밀가루에 고루 끼얹고 한데 뭉친다.
3. 약과편에 기름을 살짝 바르고 반죽을 적당량 떼어 얹는다.
4. 꾹꾹 눌러 모양을 낸 약과 반죽에 꼬치로 구멍을 낸다.
5. 140℃의 낮은 온도의 튀김 기름에 약과를 서서히 튀긴다.
6. 시럽을 끓여 놓았다가 약과가 뜨거울 때 담가 꿀이 배어 들면 꺼낸다.

🌱 생강에는 단백질 분해 효소가 들어 있어 소화 흡수를 돕는다. 혈액 순환을 촉진하며, 항염증 · 진통 효과가 있다. 생강은 여러 가지 요리나 차로도 만들 수 있다. 사과는 칼륨과 비타민C를 비롯한 각종 비타민류가 풍부하다.

🍷 전통 다과 중 달면서 술안주로도 잘 어울리는 정과와 약과를 디저트 와인과 매치했다. 사과와 생강 맛에 감미로운 신맛이 가미된 디저트 와인이 잘 어울린다.

궁합이 맞는 와인

- 와인명 : 무스캇 사모스 쿠르타키 Muscat Samos Kourtaki ● 와인 타입 : 디저트
- 원산지 : 그리스 ● 빈티지 : NY

호두 곳감쌈 / 대추 조림

호두 곳감쌈 재료
곳감 10개(반건시는 쉽게 찢어지므로 잘 마른 것을 쓴다), 호두 14알

만들기
1. 곳감은 꼭지를 떼고 옆 부분에 칼집을 넣고 펴서 씨를 뺀다.
2. 도마에 김발을 올리고 랩을 간 뒤 손질한 곳감 5개를 한 줄로 늘어놓는다.
3. 2의 곳감에 호두 7알을 올리고 김밥 말듯이 꼼꼼하게 만다.
4. 냉장고에 1시간 가량 넣어 둔 뒤 꺼내어 1cm 크기로 썬다.

대추 조림 재료
대추, 잣 30알, 영지버섯 20g, 설탕 2/3컵, 물 2컵

만들기
1. 대추는 깨끗이 씻어 건져 꼬치를 이용해 가운데 부분에 구멍을 낸다.
2. 냄비에 분량의 물과 설탕을 넣고 타지 않게 끓여 시럽을 만든다.
3. 2에 영지버섯과 대추를 한께 넣고 약한 불에서 조린다.
4. 3의 대추를 꺼내 망에 담아 식으면 가운데 구멍에 잣을 하나씩 박는다.

🍷 발포성 디저트 와인으로, 상쾌하고 신선한 맛이 호두와 대추에 잘 어울린다.

궁합이 맞는 와인 * 순하고 부드러운 로제 와인

- 와인명 : 셔터홈 화이트 진판델 Sutter Home White Zinfandel ● 와인 타입 : 로제
- 원산지 : 미국 ● 빈티지 : 2007

율란

재료

밤 15개, 꿀 2큰술, 계피가루 1/2작은술, 잣가루 1큰술

만들기

1. 밤은 푹 삶는다.
2. 체에 으깨어 내린다.
3. 2의 밤 고물을 꿀과 계피가루를 넣어 고루 섞은 후 밤톨 크기만 하게 빚는다.
4. 잣가루는 키친타월을 깔고 곱게 다져 밤알 모양의 율란 한쪽에 묻힌다.

🌱 밤은 고혈압 · 저혈압 · 동맥경화 · 신경통 · 요통 등의 질병 증상을 완화하는 효과가 있다. 특히 찐밤은 현대인의 영양 식품으로 매우 좋다.

🍷 후각을 현혹시키는 섬세한 과일향이 나는 알코올 도수가 낮은 가벼운 와인과 어울린다.

궁합이 맞는 와인　＊ 꽃향기와, 톡 쏘는 부케를 지니고 있으며, 알코올 도수가 낮아 가볍게 마실 수 있다.

- 와인명 : 슐로스 카비네트　● 와인 타입 : 화이트　● 원산지 : 독일
- 빈티지 : 2004

김 부각

재료

김 20장, 찹쌀풀 3컵, 통깨 조금, 소금 1작은술, 식물성 기름 2컵

만들기

1. 김은 한 장씩 펼쳐 잡티를 골라 깨끗이 준비한다.
2. 손질한 김 한 장을 반질거리는 면이 보이게 펼쳐 놓고 찹쌀 풀을 얇게 바른다. 그 위에 한 장을 얹고 다시 한 번 풀을 바르고 통깨를 뿌려 준다. 이런 식으로 10장을 만들고 하루 내지 이틀간 말린다.
3. 반쯤 말랐을 때 먹기 좋은 크기로 자른다.
4. 넓은 팬에 기름을 붓고 160~170℃의 온도에서 말린 김을 넣어 심하게 오그라들지 않도록 젓가락으로 모양을 잡아 가며 재빨리 튀긴다.

🌱 김 부각은 알칼리성 식품으로, 요오드 · 칼슘 · 철분 · 단백질 · 비타민A · 비타민B1 · 비타민B2 등을 다량 함유하고 있기 때문에 체질의 산성화를 막으며, 혈압을 안정시키는 효능이 있다. 또한 식이섬유가 풍부하여 장의 건강에 좋고, 모발과 피부를 윤택하게 한다.

🍷 바삭하고 고소한 김 부각은 술안주로 매우 좋다. 강한 탄닌과 차콜향의 레드 와인과 함께 먹는다면 멋진 피니시를 선사할 것이다.

Tip : 다시마나 붉은 고추도 찹쌀 풀을 발라 바싹 말린 다음 튀겨 먹어도 별미다.

궁합이 맞는 와인   * 강한 탄닌과 차콜향이 있는 와인

● 와인명 : 래보래다 멘시아 Reboreda   ● 와인 타입 : 레드   ● 원산지 : 스페인

매작과 / 도라지정과

매작과 재료

밀가루 2컵, 생강즙 4큰술, 잣 10개, 소금 약간
　시럽 : 설탕 1컵, 물 1컵

만들기

1. 밀가루에 소금을 넣고 체에 내린 후 생강즙과 물을 넣어 된듯하게 반죽하여 비닐 팩에 담아 숙성시킨다. (천연가루를 사용해 색을 내면 예쁘다.)
2. 냄비에 설탕과 물을 동량으로 젓지 않고 서서히 끓여 반이 될 때까지 조린다.
3. 1의 반죽을 3mm 두께로 넓게 밀어 직사각형으로 잘라 내 천(川)자 모양 낸다.
4. 160℃ 기름에 젓가락으로 모양을 잡아 주며 튀긴다.
5. 시럽에 버무린 후 잣가루를 뿌려 준다.

도라지 정과 재료

도라지 200g, 설탕 100g, 물엿 50g, 꿀 25g, 소금 약간

만들기

1. 통도라지의 껍질을 깨끗이 벗긴 후 끓는 물에 소금을 조금 넣고 데쳐 낸 후 체에 밭쳐 물기를 뺀다.
2. 냄비에 도라지, 설탕, 소금, 물을 넣고 끓이다가 불을 줄여 조린다.
3. 물이 반으로 졸아들면 물엿을 넣고 도라지가 투명한 빛이 돌며 윤기가 나도록 계속 졸인 다음 마지막에 꿀을 넣어 마무리한다.
4. 서로 붙지 않게 체에 하나씩 놓아 식힌다.

🌿 온갖 영양소가 풍부하고, 특히 사포닌이 풍부하여 기관지염 개선 · 이뇨 · 해독 · 완화 작용 효과가 있는 도라지를 전통 한과인 도라지 정과로 만들었다. 모양이 예쁜 매작과와 함께 우리 전통 한과의 멋을 내며 디저트 와인과 함께 손님상을 마련해 보자.

🍷 달콤한 한과, 과일향 아로마와 우아하고 복잡한 맛의 디저트 와인이 잘 어울린다.

궁합이 맞는 와인

- 와인명 : 스테파노 피라나무스카토 다스티   ● 와인 타입 : 디저트
- 원산지 : 이탈리아   ● 빈티지 : 2004

찹쌀 부꾸미

재료

찹쌀가루 1컵, 소금 1/2작은술, 물 1/4컵, 대추 2개, 호박씨 약간, 앙금 5큰술, 꿀 1/2컵

만들기

1. 찹쌀가루에 소금을 넣어 체에 내린 후 뜨거운 물에 익반죽한다.
2. 찹쌀반죽을 밤알 크기 만하게 떼어 지름 8cm 정도 크기로 둥글납작하게 만든다.
3. 여기에 앙금이 보이도록 넣어 만두처럼 반으로 접어 모양을 내 준다.
4. 기름을 두른 팬에 부꾸미를 지지고 꿀로 버무려 준 후 그 위에 호박씨와 대추로 마무리해 준다.

🍷 쫄깃하면서 팥앙금이 맛있는 부꾸미는 우리의 전통 음식으로 명절에 즐겨 먹었다. 부드러운 떡 안에 팥고물이 들어가 있어 로제 와인과 함께 후식으로 즐겨 먹으면 어울린다.

궁합이 맞는 와인

- 와인명 : 칼리테라 시라로제 ● 와인 타입 : 로제 ● 원산지 : 칠레
- 빈티지 : 2006

202

알로에잼 까나페

재료

알로에 500g, 설탕 2컵, 물 1컵, 식빵 5장, 대추 3개

만들기

1. 알로에는 껍질을 약간만 남기고 벗긴다.
2. 속을 작게 깍뚝썰기한다.
3. 냄비에 잘게 썬 알로에와 설탕, 물을 넣어 중불에서 저어 가며 끓이다가 약한 불에 끓인다.
4. 식빵은 한입 크기로 잘라 토스트한다.
5. 대추는 씨를 빼고 돌돌 말아 꽃 모양으로 썰어 고명으로 준비한다.
6. 빵 위에 알로에잼을 얹고 그 위에 대추를 올려 준다.

🌱 피부에 좋은 알로에를 잼으로 만들었다. 알로에 잼은 기관지 천식에도 좋으며 색깔도 아주 예쁘다.

🍷 발포성 디저트 와인으로 상쾌하고 신선한 맛이 잘 어울린다.

궁합이 맞는 와인 ＊ 감미로움과 산뜻함이 강한 포도의 인상을 남긴다.

● 와인명 : 바인 레인 아이스 핑크 Vine Lane Ice Pink ● 와인 타입 : 로제
● 원산지 : 호주 ● 빈티지 : 2002

견과 찹쌀 말이

재료

찹쌀가루 1컵, 멥쌀가루 1/2컵, 소금 1/4작은술, 계피가루 1큰술, 꿀 1컵, 땅콩 · 호두 · 호박씨 각 30g씩

만들기

1. 찹쌀가루와 멥쌀가루에 소금을 약간 넣고 뜨거운 물로 익반죽한 후에 밀대로 적당히 밀어 직사각형으로 잘라 준비한다.(바닥에 랩을 깔거나 식용유를 살짝 발라 줘야 들러붙지 않는다.)
2. 견과류를 아무것도 두르지 않은 팬에 살짝 볶아 꿀과 계피가루를 넣고 고루 버무린다.
3. 기름을 살짝 두른 팬에 준비된 찹쌀반죽을 넣고 노릇하게 지진다.
4. 도마에 랩을 깔고 그 위에 계피가루를 살짝 뿌려 준 후 찹쌀지짐을 올리고 2의 견과류소를 넣고 돌돌 만다.(지짐이 식기 전에 해야 잘 말린다.)
5. 적당한 크기로 썰어 내면 완성된다.

찹쌀과 견과류 속에 계피향이 가미되어 입 안을 자극한다. 로제 와인과 함께 하면 매우 좋다.

궁합이 맞는 와인

- 와인명 : 끼알리 클레토 로제 브룻 스푸만테 Chiarli CLETO Rose Brut Spumante
- 와인 타입 : 스파클링
- 원산지 : 이탈리아
- 빈티지 : 2006

견과류 강정

재료

흑임자 100g, 해바라기씨 · 호박씨 · 호두 · 땅콩 각 50g, 설탕 1/2컵, 물엿 1/2컵, 물 2큰술

만들기

1. 견과류는 프라이팬에 소금을 약간 넣고 볶아 준다.
2. 냄비에 설탕 · 물엿 · 물을 넣고 실이 날 때까지 끓여 강정 시럽을 만든다.
3. 시럽에 볶은 견과류를 넣고 고루 섞어 준다.
4. 강정 틀에 넓적하게 눌러 펴 준다.
5. 뜨거운 상태로 밀대로 편편하게 밀어 준 다음 한입 크기로 썰어 식힌다.

🌱 견과류는 지방산과 비타민E가 풍부하여 두뇌 발달에 좋고, 매끄럽고 건강한 피부를 유지하는 데도 도움이 된다.

🍷 달콤한 맛이 적절히 받쳐 주는 산도와 더불어 산뜻한 매력을 가진 와인과 어울린다.

궁합이 맞는 와인

- 와인명 : 테라도로 진판델 ● 와인 타입 : 레드 ● 원산지 : 미국
- 빈티지 : 2007

대추 밤 찹쌀전

재료
대추 6개, 밤 5개, 찹쌀가루 2컵, 소금 1/2작은술
시럽 : 설탕 4큰술, 물 1컵

만들기
1. 대추는 씨를 빼고 말아서 채 썬다.
2. 밤은 채쳐서 준비한다.
3. 찹쌀가루에 소금을 넣고 끓는 물을 조금씩 부어 가며 익반죽한다.
4. 반죽을 동그랗게 빚어 넓적하게 만든 후 팬에 지져 준다.
5. 시럽을 만들어 4의 전에 버무려 준다.
6. 찹쌀전에 밤과 대추를 올려 준다.

🍷 달달한 맛에 신선한 산미와 함께 과실향이 나는 와인을 함께하면 입 안이 아주
즐거워진다.

궁합이 맞는 와인

- 와인명 : 힐링어 스몰힐 로제 Small Hill Rose ● 와인 타입 : 로제
- 원산지 : 오스트리아 ● 빈티지 : 2007

고구마 양갱

재료
고구마 1개, 우유 200ml, 물엿 20g, 설탕 35g, 한천 가루 15g, 물 250ml, 앙금 250g

만들기
1. 고구마는 깨끗이 씻어 껍질을 벗긴다.
2. 0.3cm 크기로 깍뚝썰기하여 우유와 설탕을 넣고 졸인다.
3. 물에 한천 가루를 넣고 10분 정도 불린 후 냄비에 설탕과 함께 넣고 눋지 않도록 잘 저어 가며 약한 불에 끓인다.
4. 앙금을 넣고 앙금 덩어리가 없도록 잘 저어 가며 5분 정도 더 끓인다.
5. 앙금이 다 풀어지면 졸인 고구마를 넣고 한소끔 끓인 뒤 양갱 만들 그릇에 양갱을 붓고, 3시간 정도 실온에서 굳힌 후 냉동실에 보관하며 먹을 만큼 해동해 먹는다.

🍷 고구마와 호박의 부드러운 맛과 양갱의 달달함이 자연적이고 고귀한 고급스런 단맛의 디저트 와인과 잘 어울린다.

궁합이 맞는 와인

- 와인명 : 다인하드 베에렌아우스레제 Deinhard Beerenauslese
- 와인 타입 : 디저트   • 원산지 : 독일   • 빈티지 : NV

화이트 초콜릿 미니 떡 케이크

재료

쌀가루 1컵, 우유 1/2컵, 코코아가루 1/2컵, 설탕 1큰술, 소금 약간, 초코볼 2큰술, 초콜릿 100g

만들기

1. 쌀가루에 소금 약간, 코코아 가루를 넣어 체에 한 번 내려 준다.
2. 1의 쌀가루에 우유와 설탕을 넣어 비벼 준 다음 다시 체에 내려서 30분 정도 놓아 둔다.
3. 준비한 쌀가루에 초코볼을 넣어 섞어 준다.
4. 틀에 넣어 김이 오른 찜통에 넣어 미니는 15분 정도, 중은 25분 정도 쪄 준다.
5. 초콜릿을 중탕에서 녹인 다음 만들어 놓은 미니 케이크 위에 올려 주고 난 뒤 장식한다.

🍷 초콜릿의 달콤함과 떡의 쫄깃함에 충분한 과일향으로 발포성을 가진 디저트 와인이 어울린다. 아주 달지 않은 뒷맛으로 더욱더 좋은 향과 맛을 만들어 준다.

궁합이 맞는 와인

- 와인명 : 발디 비에소 모스카토 스파클링   ● 와인 타입 : 디저트   ● 원산지 : 칠레
- 빈티지 : NV

이 책을 만드는 데 도움을 주신 분들

- 기획 : 손예정
- 연출 : 김태리
- 어시스트 : 곽정매 · 조가희 · 정지애 · 박범진

사진 촬영
박희대

와인 협찬사
1. 수석무역 | WINE JOY | www.winenjoy.co.kr
2. 가자주류 | kaja&wine | www.kaja.co.kr
3. 동원와인플러스 | Dongwon Wineplus Co.,Ltd. | www.dongwonwine.co.kr
4. 엔조이유통 | N·ZOI Trade & Distribution | www.nzoi.co.kr

와인 사진 협찬사
와인 21닷컴 | WINE21.COM A Gate to the World of Wine | www.wine21.com

그릇 협찬사
1. 우리그릇 려 | 우리그릇 麗 | www.urigurutryu.com
2. 에릭스 | ELIX ㈜에릭스도자기 | www.elix.co.kr